山羊品种

努比亚山羊

波尔山羊

南江黄羊

福清山羊

戴云山羊

闽东山羊

奶山羊

羊舍

坡地吊脚楼羊舍

坡地砖墙羊舍

木结构双列式羊舍

多列式奶山羊羊舍

采光羊舍

发酵床羊舍

羊场设施

车辆消毒通道

车辆消毒池

人行通道消毒垫

通道喷雾消毒间

粪尿分离漏缝斜面

电动刮粪设施

舔砖盒

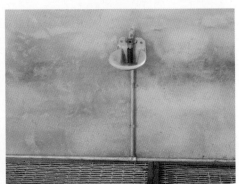
饮水碗

通风屋脊

饲草加工

TMR 饲料搅拌机

大型青贮窖

制作裹包青贮

羊口蹄疫

口腔起疱发炎

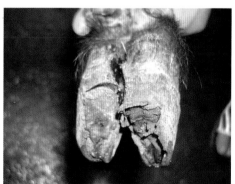

蹄叉溃烂发炎

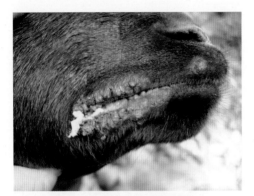

嘴角发炎和化脓

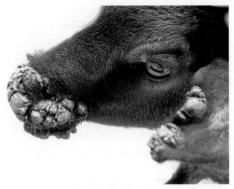

嘴巴赘肉增生

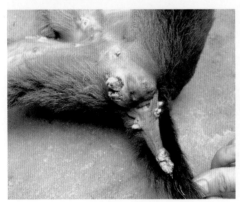

外阴部炎症增生

蹄部炎症增生

病羊康复后的面部形态

山羊痘

耳朵长痘

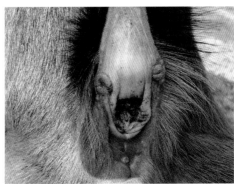

外阴部长痘

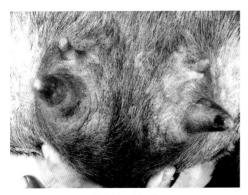

乳房皮肤红肿

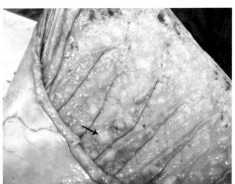

真胃黏膜形成结节病变

羔羊大肠杆菌病

黄色稀粪黏附于肛门口

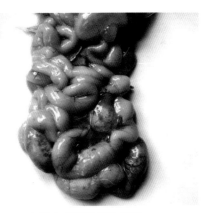

小肠内充满黏液和气泡

真胃充满乳白色液体

羊布氏杆菌病

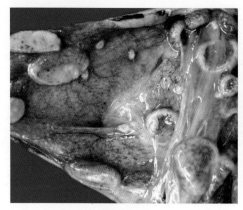

流产胎盘出血水肿

羊传染性角膜炎

眼结膜混浊

羊伪结核棒状杆菌病

颌下淋巴结肿大

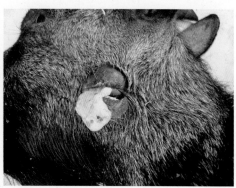

切开脓肿流出干酪样内容物

羊梭菌性疾病

羔羊痢疾症状：羔羊出现顽固性拉稀

羔羊痢疾病变：真胃有溃疡灶

羊肠毒血症病变：小肠黏膜出血严重

羊快疫病变：真胃黏膜有弥漫性出血斑

山羊传染性胸膜肺炎

鼻流脓性分泌物

病羊眼结膜发炎粘连

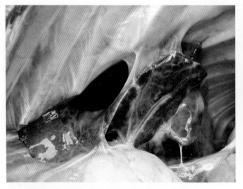

肺与肋骨粘连

肺出现肉样病变

羊衣原体病

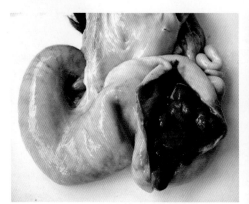

流产母羊出现子宫内膜炎

羔羊四肢关节肿大

眼睑水肿

10

羊钩端螺旋体病

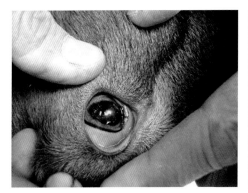

病羊眼结膜黄染

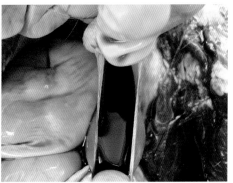

病羊膀胱尿液为暗红色

羊片形吸虫病

颌下皮肤水肿

拉糊状稀粪

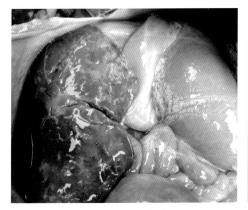

肝硬化、腹水增多

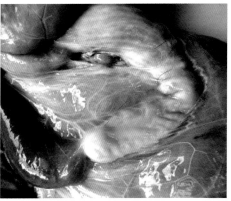

肠系膜胶冻样水肿

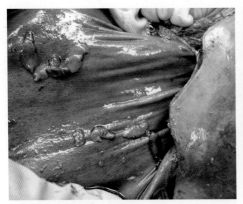

胆管内有大量虫体

羊肝片吸虫的虫体形态

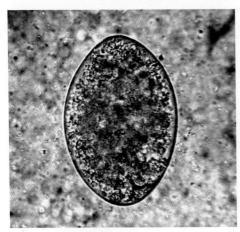

羊大片吸虫的虫卵形态

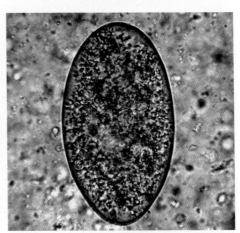

羊肝片吸虫的虫卵形态

羊大片吸虫的虫体形态

羊胰阔盘吸虫病

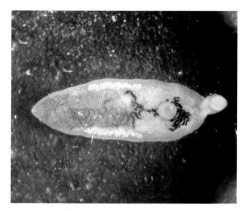

羊胰阔盘吸虫的虫体形态

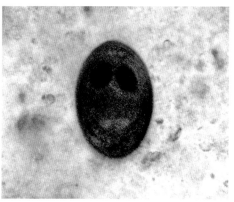

羊胰阔盘吸虫的虫卵形态

羊捻转血矛线虫病

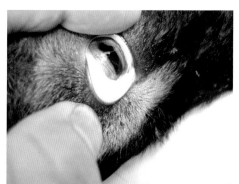

眼结膜贫血苍白

真胃壁上有大量粉红色虫体

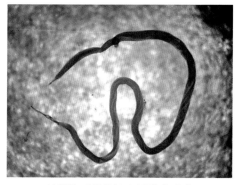

显微镜下羊捻转血矛线虫形态

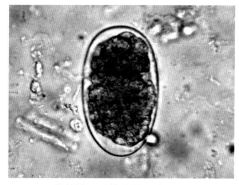

羊捻转血矛线虫的虫卵形态

羊前后盘吸虫病

羊瘤胃黏膜上黏附粉红色虫体

羊前后盘吸虫的虫体形态

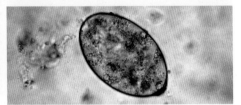

羊前后盘吸虫的虫卵形态

羊莫尼茨绦虫病

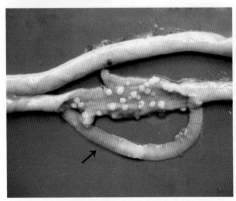

肠道内虫体形态

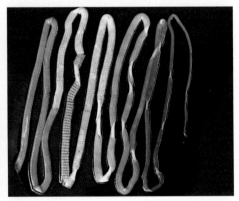

羊莫尼茨绦虫的虫体形态

病羊顽固性拉稀和消瘦

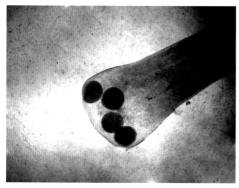
羊莫尼茨绦虫虫体的头节形态

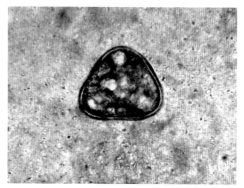
羊莫尼茨绦虫的虫卵形态

羊脑包虫病

病羊出现头顶墙壁的脑神经症状

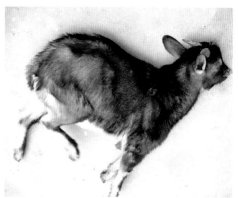
病羊出现倒地不起的脑神经症状

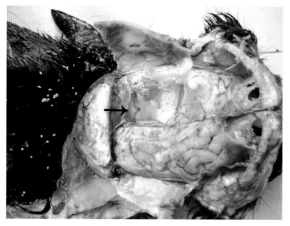
羊脑内有积水囊

羊脑中的脑包虫形态

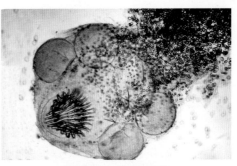

显微镜下脑包囊形态

羊球虫病

小肠炎症严重

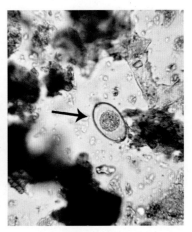

显微镜下球虫卵囊形态

羊瘤胃积食

羊瘤胃膨气

羊瘤胃内有异物阻塞

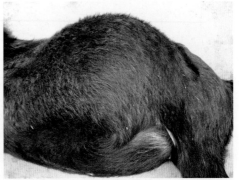

羊腹部左侧隆起明显

羊胃肠炎

小肠内充满水样内容物

羊流产

从母羊阴户排出粉红色的带状物

流产胎儿及胎衣

羊子宫内膜炎

从母羊阴户排出黄白色的分泌物

羊乳房炎

乳头红肿

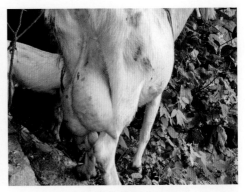

乳房肿大和变硬

羊支气管肺炎

病羊流鼻涕

肺出现局灶性炎症

羔羊白肌病

羊羔软脚无力

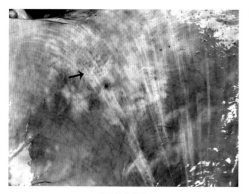

肌肉坏死

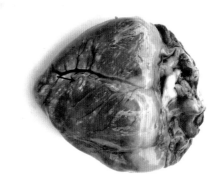

心肌条状坏死

羊有机磷农药中毒

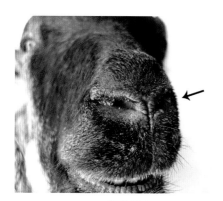

鼻孔流血

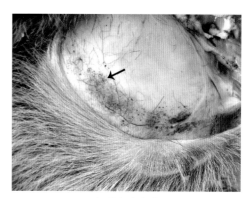

皮下有出血点

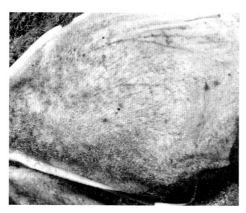

瘤胃黏膜脱落

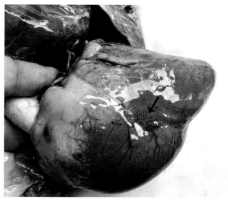

心脏表面有出血点

肝表面有出血点

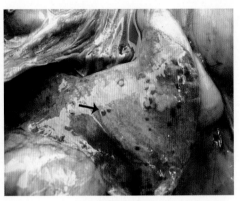

肺表面有出血点

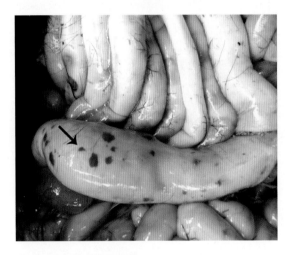

肠壁有出血点

羊体表寄生虫病

头部皮肤结痂

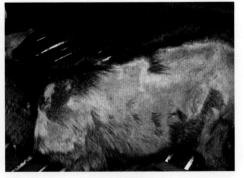

全身严重脱毛

优质山羊
养殖技术问答

YOUZHI SHANYANG YANGZHI JISHU WENDA

李文杨 吴贤锋 刘 远 张晓佩 高承芳 陈鑫珠◎编 著

海峡出版发行集团 福建科学技术出版社
THE STRAITS PUBLISHING & DISTRIBUTING GROUP | FUJIAN SCIENCE & TECHNOLOGY PUBLISHING HOUSE

图书在版编目（CIP）数据

优质山羊养殖技术问答/李文杨等编著 . — 福州：福建
科学技术出版社，2018.4
（特色养殖新技术丛书）
ISBN 978-7-5335-5539-9

Ⅰ.①优…　Ⅱ.①李…　Ⅲ.①山羊－饲养管理－问题
解答　Ⅳ.①S827－44

中国版本图书馆 CIP 数据核字（2018）第 024991 号

书　　　名　优质山羊养殖技术问答
　　　　　　　特色养殖新技术丛书
编　　　著　李文杨　吴贤锋　刘　远　张晓佩　高承芳　陈鑫珠
出版发行　海峡出版发行集团
　　　　　　　福建科学技术出版社
社　　　址　福州市东水路 76 号（邮编 350001）
网　　　址　www.fjstp.com
经　　　销　福建新华发行（集团）有限责任公司
印　　　刷　福建金盾彩色印刷有限公司
开　　　本　700 毫米×1000 毫米　1 / 16
印　　　张　9.5
插　　　页　12
字　　　数　206 千字
版　　　次　2018 年 4 月第 1 版
印　　　次　2018 年 4 月第 1 次印刷
书　　　号　ISBN 978-7-5335-5539-9
定　　　价　25.00 元
书中如有印装质量问题，可直接向本社调换

前言

我国养羊历史悠久，山羊品种资源丰富，存栏数量占据世界第一。山羊具有耐粗饲、适应性强、繁殖率高和易于管理等特点，至今在我国广大农牧区广泛饲养。羊肉作为高蛋白、低脂肪、低胆固醇的优质营养保健型食品，具有补虚益气、强身健体的功效，备受广大消费者的喜爱，市场一直供不应求，价格也一路攀升。

近年来，随着农业结构的调整和羊肉价格的不断上扬，我国广大农牧区掀起了发展养羊业的热潮，并取得了明显的经济效益。养羊业的发展对繁荣我国市场经济、解决广大农村富余劳动力转移、促进新农村建设起到了积极作用。但我国传统养羊以放牧为主，随着山羊养殖数量的不断增加，草地、山林的压力越来越大，过度放牧导致植被遭到破坏，进而造成水土流失甚至沙尘暴的发生，极大地破坏了生态环境，也严重地威胁养羊业的持续发展。

因此，现代养羊业必须以生态建设和环境保护为前提，力求养羊生产与资源环境协调发展；必须改变传统的放牧方式，推行生态健康养羊。发展生态养羊以草地和农作物秸秆资源为主要依托，合理利用和建设草地，大力推行冬闲田种草、草田轮作、林下种草多种生态养羊模式，争取生态保护和经济效益双丰收。这对提高我国养羊业的集约化水平，缓解人畜争粮矛盾，增加农民收入，改善生态环境具有积极作用。

目前我国广大农村和农场正处于调整农业产业结构的关键时刻，将山羊养殖业作为提高经济效益的突破口，建设一个农牧结合生态体系，在持续、稳定发展种植业的同时，发展高效节粮型的山羊养殖业，"秸秆养畜，过腹还田"，为农业种植提供大量的优质有机肥，促进了农业生产的持续增长，从而实现农业良性循环。

为了满足广大养羊业者对优质山羊健康养殖知识的需求，我们针对山羊养殖生产中的实际情况和存在的一些问题，结合多年来有关山羊和牧草方面科研、农业科技推广及长期生产实践经验，并查阅国内外有关技术成果文献，编写了这本《优质山羊养殖技术问答》，旨在为基层畜牧兽医工作者和广大养羊户提供一部参考书，以期推动养羊业的快速发展。

本书的出版，得到福建省农业科学院出版著作基金的资助，特此感谢！书中羊病图片由福建省农业科学院畜牧兽医研究所江斌高级兽医师提供，清流县畜牧兽医水产局林家传、李桂贤、李永祥、陈秀群，以及尤溪县畜牧站谢周勋、动物疾病预防控制中心甘善化参与了本书的编写工作，在此深表感谢！

由于时间仓促，学识水平有限，书中不足和错误之处在所难免，恳请读者和同行提出宝贵意见，以便更好地为广大养羊户服务。

编著者

目录 ————————————————————————————————————

CONTENTS

第一章 山羊品种

1. 山羊品种主要分哪些类型？

在生产实践中，山羊的品种主要按照其生产性能进行分类，主要有乳用型、肉用型、毛用型、绒用型、皮用型和兼用型品种。

乳用型山羊以生产山羊奶为主要目的，通常一个泌乳期可产奶 500～1000千克，乳脂率约为 4.5%。按单位活体算，一个泌乳期，奶山羊每千克体重可产鲜奶 10～20 千克。其外貌特征为：躯体多呈楔形，轮廓明显、紧凑，毛短而稀疏且均为发毛，绒毛稀少。多数无角，母羊乳房发达。国外著名品种为瑞士的萨能山羊，我国没有奶用山羊地方品种。国内现有的品种均为驯化培育品种，如关中奶山羊、崂山奶山羊。

肉用型山羊以提供羊肉为主要生产目的，通常具有较高的繁殖率、较快的生长发育速度，成熟早，肌肉丰满，瘦肉率高和肉质优良。其外貌特征为：体为矩形，躯体低垂，轮廓明显、疏松。引进的品种有波尔山羊等，我国培育的品种有南江黄羊等，主要地方品种有陕南白山羊、马头山羊等。

毛用型山羊是以生产山羊毛为主的一类品种，产毛多且品质好。其外貌特征为：全身披有波浪形弯曲、长而细的羊毛纤维，背直，四肢短。著名的品种为原产土耳其的安哥拉山羊。

绒用型山羊以产绒性能突出为特点，有白绒和紫绒两大类。山羊绒是主要的纺织原料之一，有"软黄金"之称。绒纤维细度为 15 微米左右。我国优秀的绒山羊公羊产绒量可高达 1.5 千克，母山羊平均达 650 克。其外貌特征为：体表绒、毛混生，毛长绒细，被毛洁白有光泽，体大头小，颈粗厚，背平直，后躯发达。国内主要的品种有辽宁绒山羊、内蒙古绒山羊和河西绒山羊等。

皮用型山羊以生产羊皮为主要目的，分为裘皮山羊和羔皮山羊两种。将出生后 35 日龄左右的羊羔宰杀后剥取的毛皮为裘皮；出生后 1～3 日龄羊羔宰杀后剥取的毛皮为羔皮。裘皮毛股紧密，有非常美观的花穗，皮板轻薄结实，如产于宁夏中卫、同心和甘肃靖远等地的著名品种中卫山羊。羔皮具有美丽的波浪花纹团，皮板轻薄柔软，著名品种有济宁青山羊。

兼用型山羊就是普通山羊，没有特定的生产目的，生产性能一般没有特别突出的特点，如太行黑山羊、西藏山羊、新疆山羊、陕西白山羊、建昌黑山羊等。其中部分品种能生产高质量的山羊板皮。这类山羊品种多、数量大、分布广，是生产肉、皮和杂交亲本材料的巨大资源，应合理开发利用。

2. 引进的乳用型山羊品种主要有哪些?

（1）萨能山羊

萨能山羊即萨能奶山羊，是世界公认的最优秀的奶山羊品种。它以遗传性能稳定、体型高大、泌乳性能好、乳汁质量高、繁殖能力强、适应性广、抗病力强而遍布世界各地，20 世纪 30 年代引进我国。

产地及分布：原产于气候凉爽、干燥的瑞士萨能山谷，目前除了气候炎热或者酷寒的地区外，几乎遍布世界各国。

生产性能：成年公羊体高在 90 厘米左右，体重在 85 千克以上；成年母羊体高在 75 厘米左右，体重在 60 千克以上。母羊泌乳期 8～10 个月，以 3～4 胎泌乳量最高。每个泌乳期产奶量在 800 千克以上。乳脂率一般在 3.2%～4.0%，平均 3.5% 左右。萨能山羊性成熟时间为 2～4 月龄，9 月龄就可配种。一般在 10～12 月龄初配，秋季发情，发情周期为 20.40±6.39 天，发情持续期为 38.12±5.41 小时，妊娠期为 150.60±2.44 天。利用年限可达 10 年以上。繁殖率高，一胎产羔率 160% 以上，二胎以上为 200%～290%。

生产利用现状：陕西是我国萨能山羊生产发源地，是全国最大的萨能山羊良种繁育基地，其奶羊存栏数占全国奶羊总数的 45%，羊奶产量占全国羊奶总产量的 34%。从 20 世纪 40 年代开始，陇县就与西北农林科技大学联盟，奶羊专家刘荫武教授长年扎根农村进行奶山羊改良工作，目前陇县奶山羊存栏数已达 30 多万，用它改良本地山羊，效果显著。

（2）努比亚山羊

产地及分布：原产于非洲东北部的埃及、苏丹及邻近的埃塞俄比亚、利比亚、阿尔及利亚等国，在英国、美国、印度、东欧及南非等国都有分布。20世纪 80 年代中后期，广西壮族自治区马山县、四川省简阳市、湖北省房县从英国和澳大利亚等国引入饲养。努比亚山羊原产于干旱炎热地区，因而耐热性好，深受我国养殖户的喜爱。

生产性能：成年公羊平均体重、体高、体长分别为 88 千克、82.5 厘米、85 厘米，成年母羊分别为 55 千克、75 厘米和 78.5 厘米。母羊乳房发育良好，多呈球形。泌乳期一般 5～6 个月，产奶量可达 300～800 千克，盛产期日产奶 2～3 千克，高者可达 4 千克以上，乳脂率 4%～7%，奶的风味好。四川省饲养的努比亚山羊，平均一胎 261 天产奶 375.7 千克，二胎 257 天产奶 445.3 千克。

3. 引进的肉用型山羊品种有哪些？

肉用型山羊品种主要介绍波尔山羊。

产地及分布：波尔山羊是一个优秀的肉用山羊品种，原产于南非，作为种用，已被非洲许多国家以及新西兰、澳大利亚、德国、美国、加拿大等国引进。自 1995 年我国首批从南非引进波尔山羊以来，通过纯繁扩群逐步向全国各地扩展，已经显示出很好的肉用特征、广泛的适应性、较高的经济价值和显著的杂交优势。

生产性能：世界上公认的肉用山羊品种，有"肉羊之父"的美称。成年波尔山羊公羊、母羊的体高分别为 75～90 厘米和 65～75 厘米，体重分别为 95～120 千克和 65～95 千克。在亚热带草地灌木群落放牧，150 日龄单羔日增重 195 克，双羔为 165 克，若加喂精料，羔羊日增重在 200 克以上。屠宰率高，平均为 48.3%，高者可达 52% 以上，肉厚而不肥，肉质细、肌肉内脂肪少、色泽纯正、多汁鲜嫩。波尔山羊最佳上市体重 40 千克左右，胴体脂肪的比例与细毛羊接近，但皮下脂肪大大低于绵羊。波尔山羊可维持生产价值至 7 岁，是世界上著名的生产高品质瘦肉的山羊。此外，波尔山羊的板皮品质极佳，质地致密、坚牢，属上乘皮革原料，可与牛皮相媲美。

繁殖性能优良，属非季节性繁殖家畜，母羊四季发情，但 5～8 月份发情比例少。母羊 6 月龄性成熟，一年两胎或两年三胎，平均产羔率 190%。公羊 6 月龄性成熟，在放牧的情况下平均配种 15 头母羊，9 月龄以上平均可配种 20 头母羊。

生产利用状况：波尔山羊能适应各地环境，与当地山羊交配能取得较好的改良效果。农业部将引进肉用波尔山羊、加速我国山羊产业化进程列入"948"项目，波尔山羊成为重点推广的良种，成为改良地方山羊、促进养羊业产业化的当家品种。波尔山羊的引进、快速扩繁和杂交利用，必将会引发我国肉用山羊养殖业的一场革命。

4. 引进的毛用型山羊品种有哪些？

毛用型山羊品种主要介绍安哥拉山羊。

产地及分布：原产于土耳其草原地带，主要分布于气候干燥、土层瘠薄、牧草稀疏的安纳托利亚高原。产毛量高，毛长而有光泽，弹性大且结实，国际市场上称之为马海毛，是羊毛中价格最昂贵的一种。16～20 世纪相继出口到一些国家。1881 年起土耳其皇室曾宣布禁止该山羊品种出口，但在此以前已被南非和美国引进，后又扩散到阿根廷、莱索托、澳大利亚和俄罗斯等国家饲养。现以土耳其、美国和南非饲养最多。

生产性能：成年公羊体重 45～55 千克，母羊 32～35 千克。剪毛量公羊 4.5～6 千克，最高可达 8 千克，母羊 3～4 千克。公羊毛长度 1～2 厘米，最长达 3 厘米，纤维细度随年龄增加而变粗。羊毛具有强烈丝绢光泽，弹性和强度良好。被毛由两型毛组成，属同质半细毛。多数国家一年剪毛两次。产羔率为 100%～110%，成熟较晚，泌乳力低，母性较差。主要缺点是需要较高蛋白质营养水平，易受冷而造成死亡，特别是在剪毛之后数天之内易感染寄生虫，流产率高。

5. 国内培育的肉用型山羊品种有哪些？

国内培育的肉用型山羊品种主要介绍南江黄羊。

育成过程：南江黄羊产于四川省南江县，由南江县畜牧局等 7 个单位联合培育，用四川铜羊、含努比亚山羊血缘的杂种公羊、金堂黑羊和大巴山区本地母山羊经过多年的杂交、横交定向培育而成。1995 年经过南江黄羊新品种审定委员会审定，1996 年通过国家畜禽遗传资源管理委员会羊品种审定委员会实地复审，1998 年被农业部批准正式命名。南江黄羊不仅具有性成熟早、生长发育快、繁殖力高、产肉性能好、适应性强、耐粗饲和遗传性稳定的特点，而且肉质细嫩、适口性好和板皮品质优。南江黄羊适宜在农区、山区饲养。

生产性能：南江黄羊成年公羊体重 40～55 千克，母羊 34～46 千克。公、母羔平均初生重为 2.28 千克，初生至 2 月龄日增重公羔为 120～180 克，母羔为 100～150 克；至 6 月龄日增重公羔为 85～150 克，母羔为 60～110 克。8 月龄羯羊平均胴体重为 10.78 千克，周岁羯羊平均胴体重 15 千克，屠宰率约为 49%，净肉率约为 38%。南江黄羊性成熟早，3～5 月龄初次发情，母羊 6～8 月龄体重达 25 千克开始配种。成年母羊四季发情，发情周期平均为 19.5 天，妊娠期 148～151 天，产羔率 200% 左右。

6. 国内培育的乳用型山羊品种有哪些？

（1）关中奶山羊

来源、产地及分布：为我国奶山羊中著名优良品种，20 世纪 30～40 年代由萨能羊、吐根堡羊与关中当地山羊杂交而成，以富平、三原、泾阳、扶风、武功、蒲城、临潼、大荔、临渭、乾县、蓝田、秦都等为生产基地县。陕西全省关中奶山羊存栏量在 100 万只上下，其基地县奶山羊数量占全省的 95%。

生产性能：公母羊均在 4～5 月龄性成熟，一般 5～6 月龄配种，发情旺季 9～11 月，以 10 月份最甚，性周期 21 天。母羊妊娠期 150 天左右，平均产羔率 178%。初生公母羔重分别达 2.8 千克、2.5 千克以上。成年公母羊体高分别超过 80 厘米、70 厘米，体重分别超过 65 千克、45 千克。种羊利用年限 5～7 年。

关中奶山羊产奶性能稳定，奶质优良，营养价值较高。一般泌乳期为 7～9 个月，年产奶 450～600 千克，单位活重产奶量比牛高 5 倍。鲜奶中含乳脂 3.6%、蛋白质 3.5%、乳糖 4.3%。

（2）崂山奶山羊

来源、产地及分布：原产于山东省崂山地区，由瑞士优良羊种与当地羊杂交培育而成，现在我国大部分地区都有分布。

生产性能：成年公羊平均体重 75.5 千克，母羊 47.7 千克。第一胎平均泌乳量 557 千克，第二、三胎平均为 870 千克，泌乳期一般 8～10 个月，乳脂率 4.0%。羔羊 5 月龄可达性成熟，7～8 月龄体重达 30.0 千克以上即可初配，平均产羔率 180%。

崂山奶山羊是我国培育成功的优良奶山羊品种之一，能适应各种气候条件和饲养管理，耐苦力强，受到我国各地养殖户的青睐。除了进行纯种繁殖外，还用来改良当地奶羊品种。

7. 我国肉用型地方山羊品种有哪些？

我国肉用型地方山羊品种主要介绍马头山羊。

产地及分布：主要产于湖北省十堰、恩施和湖南省常德、怀化等地。现已分布到陕西、河南、四川等省，是我国南方山区优良的肉用山羊品种之一。体型、体重和初生重等指标在国内地方品种中荣居前列，是国内山羊地方品种中生长速度较快、体型较大、肉用性能最好的品种之一。

生产性能：性成熟早，四季可发情，在南方以春、秋、冬三季配种较多。母羔 3～5 月龄、公羔 4～6 月龄性成熟，一般在 8～10 月龄配种，妊娠期 140～154 天，哺乳期 2～3 个月，一年两胎或两年三胎。由于各地生态环境的差异和饲养水平的不同，产羔率差异较大。据 1196 胎统计：单羔率 26%，双羔率 46%，三羔率 16%，四羔率 8.5%，五羔率 2.17%，六羔率 0.17%。初产母羊多产单羔，经产母羊多产双羔或多羔。单羔公羊初生重为 1.95 千克，母羊为 1.92 千克；双羔公羊初生重为 1.70 千克，母羊为 1.65 千克。在主产区粗放饲养条件下，公羔 3 月龄重可达 12.96 千克，母羊可达 12.82 千克；6 月龄阉羊体重 21.68 千克，屠宰率 48.99%，周岁阉羊体重可达 36.45 千克，屠宰率 55.90%，出肉率 43.79%。其肌肉发达，肌肉纤维细致，肉色鲜红，肉质鲜嫩，膻味较轻。早期肥育效果好，可生产肥羔肉。板皮品质良好，厚薄适中，拉力弹性优于我国成都麻羊及南江黄羊等。另外，一张皮可烫退粗毛0.3～0.5 千克，毛洁白、均匀，是制毛笔、毛刷的上等原料。

8. 我国绒用型地方山羊品种有哪些?

(1) 辽宁绒山羊

产地及分布：主产于辽东半岛，是我国现有产绒量最高、毛品质好的绒用山羊品种之一。主要分布在盖州及其相邻的岫岩、辽阳、本溪、凤城、宽甸、庄河、瓦房店等地。

生产性能：生产发育较快，成年公母羊体重分别在 52 千克、45 千克左右。据测试，公羊屠宰前平均体重 49.26 千克，屠宰率为 51.15%，净肉率为35.92%；母羊屠宰前平均体重 43.20 千克，屠宰率为 50.06%，净肉率为 37.66%。

初情期为 4～6 月龄，8 月龄即可进行第一次配种。适宜繁殖年龄，公羊为 2～6 周岁，母羊为 1～7 周岁。每年 5 月份开始发情，9～11 月份为发情旺季。发情周期平均为 20 天，发情持续时间 1～2 天。妊娠期 142～153 天。成年母羊产羔率 110%～120%。辽宁绒山羊冷冻精液的受胎率为 50% 以上，最高可达 76%。

所产山羊绒因其优秀的品质被专家称作"纤维宝石"，是纺织工业最上乘的动物纤维纺织原料。其羊绒的生长开始于 6 月份，9～11 月为生长旺盛期，次年 2 月份趋于停止，4 月份陆续脱绒。脱绒的一般规律为体况好的羊先脱，体弱的羊后脱；成年羊先脱，育成羊后脱；母羊先脱，公羊后脱。一般抓绒时间在 4 月上旬至 5 月上旬。种公羊平均产绒量 1680 克左右，成年母羊平均产绒量 822 克左右。据国家动物纤维质检中心测定，辽宁绒山羊羊绒细度平均为15.35 微米，净绒率 75.51%，强度 4.59 克，伸直长度 51.42%，绒毛品质优良。

(2) 内蒙古绒山羊

产地及分布：主产于内蒙古西部，分布于二郎山地区、阿尔巴斯地区和阿拉善左旗地区，是我国绒毛品质最好、产绒量高的优良绒山羊品种。

生产性能：成年公羊平均体高、体长、胸围和体重分别为 65.4 厘米、70.8 厘米、85.1 厘米、47.8 千克，成年母羊分别为 56.4 厘米、59.1 厘米、70.7 厘米、27.4 千克。内蒙古绒山羊剪毛量，公羊平均为 570 克，母羊平均为 257 克。抓绒量，成年公母羊平均为 385 克、305 克。绒毛长度，公母羊平均为 7.6 厘米、6.6 厘米。绒毛细度，公母羊平均为 14.6 微米、15.6 微米。粗毛长度，公母羊平均为 17.6 厘米、13.5 厘米。内蒙古绒山羊皮板厚而致密，富有弹性，是制革的上等原料。长毛型绒山羊的毛皮与中卫山羊裘皮近似，可供制裘。内蒙古绒山羊所产山羊绒纤维柔软，具有丝光、强度好、伸度大、净绒率高的特点，所产羊肉细嫩。这种山羊抗逆性强，适应半荒漠草原和山地放牧。

9. 我国皮用型地方山羊品种有哪些？

（1）中卫山羊

产地及分布：中卫山羊又叫沙毛山羊，主产于宁夏的中卫、同心等地，甘肃中部及内蒙古阿拉善左旗也有分布。

生产性能：成年公羊平均体高、体长、胸围和体重分别为 62.1 厘米、70.0 厘米、80.9 厘米、44.6 千克，成年母羊分别为 56.4 厘米、64.1 厘米、70.5 厘米、34.1 千克。剥皮后的羔羊肉质佳，膻味小，平均屠宰率为 50%，成年羊平均屠宰率为 45%。公母羊 6 月龄左右性成熟，初配年龄为 1.5 岁，多集中于秋季发情，产羔率 103.0%。

中卫山羊的主要产品是"二毛皮"，又称"沙毛皮"，是羔羊生后 35 日龄左右宰剥的毛皮。其品质取决于花穗的类型和分布、毛股长度和弯曲数、毛被品质、皮板厚度和面积等。中卫山羊的裘皮花穗通常占其毛股自然长度的 2/3 以上，主要是波浪形的半圆形弯曲。初生羔羊的毛股从毛根至毛尖均有弯曲，毛股全部为花穗。随着年龄的增长，以后生长的毛股下段一般不具弯曲。按照花穗长度、弯曲数和毛股松紧程度，可将花穗分为优良、中等和不良 3 类。优良花穗的毛股紧密、清晰，花穗长而弯曲多（3 个以上），弯曲整齐。这类花穗主要分布在羔羊体躯两侧的中央。中等花穗的毛股较粗硬，花穗短而弯曲少（仅 1～2 个），毛股比较松散，不甚清晰。这类花穗主要分布于羔羊的头颈部、腹部和股部以下。不良花穗的毛股松散，不成毛股结构，弯曲少而不明显，主要分布在四肢部和股部周围。不良花穗分布面积大小因个体而异，分布面积愈大则裘皮品质愈差。中卫山羊的二毛皮，主要由优良花穗组成。羔羊屠宰时间，主要取决于毛股自然长度。初生羔羊毛股自然长度为 4.4 厘米，35 日龄时毛股长度达 7.5 厘米，伸直长度为 9.2 厘米，即达二毛皮要求的标准。中卫山羊成年羊一般在每年 5 月份抓绒、剪毛一次。抓绒量，公羊为 100～150 克，母羊为 200～400 克；剪毛量，公羊平均为 400 克，母羊平均为 300 克。中卫山羊适应半荒漠草原，抗逆性强，遗传性稳定；所产二毛皮、羊毛、羊绒均为珍贵的衣着原料，在国内享有较高的声誉，但存在体格较小的缺点。

（2）济宁青山羊

产地及分布：产于山东省菏泽、济宁地区，所产羔皮叫猾子皮，是我国独特的羔皮用山羊品种。目前已经推广到华南、东北和西北等 10 多个省。

生产性能：青山羊生长快，性成熟早，4 月龄即可配种，母羊常年发情，年产两胎或两年产三胎，一胎多羔，平均产羔率为 293.65%。屠宰率为 42.5%。山羊的排卵数一般 2～3 个，而济宁青山羊可达 5 个以上。成年公羊产毛 300 克左右，产绒 50～150 克；母羊产毛约 200 克，产绒 25～50 克。主要产品是猾子皮，羔羊出生后 3 天内屠宰，其特点是毛细短，长约 2.2 厘米；密紧适中，在皮板上构成美丽的花纹，花形有波浪、流水及片花，为国际市场上的有名商品。皮板面积 1100～1200 厘米^2，是制造翻毛外衣、皮帽、皮领的优质原料。皮板薄而致密，鞣制后厚度不超过 0.55 毫米，被毛呈丝光或银光光泽。制成女式大衣仅重 0.85 千克，为轻裘上品。

（3）板角山羊

产地及分布：产于四川的万源和重庆的城口、巫溪、武隆等，是肉用性能好的优良山羊品种。

生产性能：成年公羊体高、体长、体重分别为 58.4 厘米、64.6 厘米、40.5 千克；成年母羊体高、体长、体重分别为 53.3 厘米、61.2 厘米、30.4 千克。性成熟较早，4～5 月龄的公羔即有性欲表现。长期以来，群众习惯用幼龄公羊繁殖，8～10 月龄开始配种，使用一段时间后即阉割肥育。母羊初次发情在 5～8 月龄，经 2～3 个情期即可配种受孕。据 243 胎产羔统计，每胎产一羔的占 28.4%，产两羔的占 60.1%，产三羔的占 11.5%，平均产羔率为 183%。一般每年产两胎或两年产三胎，在寒冷的高山地区年产 1 胎的较多。产肉性能良好，内脏脂肪和肌肉脂肪适度，肉质细嫩。成年羯羊屠宰率达 55.6%，净肉率达 42.9%。

板皮品质良好，富有弹性，质地致密，面积宽大。据万源、城口和武隆三地测定，周岁羊板皮面积 3840～4160 厘米^2，成年羊板皮面积达 5090～7390 厘米^2。皮张厚薄较均匀，剥制形状完整。

10. 我国兼用型地方山羊品种有哪些？

（1）太行山羊

产地及分布：产于河北、河南、山西太行山区，在山西省境内分布在晋东南；河北省境内分布于保定、石家庄、邢台、邯郸地区京广线两侧各县；河南省境内分布于安阳、新乡的山区。

生产性能：太行山羊成年公羊平均体高、体长、胸围和体重分别为 56.7

厘米、65.0 厘米、77.9 厘米、36.7 千克，成年母羊分别为 53.6 厘米、61.6 厘米、73.3 厘米、32.8 千克。成年公羊平均抓绒量为 275 克，绒长为 2.36 厘米；成年母羊平均为 160 克，绒细度为 14 微米。成年公羊平均剪毛量为 400 克，成年母羊平均为 350 克；公羊毛长平均为 11.2 厘米，母羊平均为 9.5 厘米。2.5 岁羯羊宰前体重 39.9 千克，屠宰率为 52.8%。一年一产，产羔率为 130%～143%。

（2）陕南白山羊

产地及分布：分布于陕西南部地区汉江两岸的安康、西乡、镇巴、洛南、山阳、镇安等地。

生产性能：成年公羊平均体高、体长、胸围和体重分别为 58.40 厘米、63.60 厘米、74.07 厘米、33.0 千克，成年母羊分别为 53.16 厘米、57.98 厘米、68.73 厘米、27.3 千克。陕南白山羊皮板品质好，致密富弹性、拉力强，幅面大，是良好的制革原料。长毛型羊每年 3～5 月和 9～10 月各剪毛一次，不抓绒。成年公羊剪毛量平均为 320 克，成年母羊平均为 280 克，羯羊为 350 克。山羊胡须和羊毛粗刚洁白，是制毛笔和排刷的原料。6 月龄屠宰率为 45.5%，1.5 岁为 50%。繁殖力强，产羔率为 259%。

（3）黄淮山羊

产地及分布：因广泛分布在黄淮流域而得名，饲养历史悠久，500 多年前就有记载。黄淮流域地势平坦、气候温和，流域内土层深厚，适宜多种农作物生长，饲草资源丰富。

生产性能：成年公羊平均体高、体长、胸围和体重分别为 65.98 厘米、67.37 厘米、77.66 厘米、33.9 千克，成年母羊分别为 54.32 厘米、58.09 厘米、71.17 厘米、25.7 千克。7～10 月龄的羯羊宰前重平均为 21.9 千克，屠宰率平均为 49.29%；母羊宰前重平均为 16.0 千克，屠宰率平均为 47.13%。皮板呈蜡黄色，细致柔软，油润光亮，弹性好，是优良的制革原料。黄淮山羊对不同生态环境有较强的适应性，性成熟早，繁殖力强。

（4）建昌黑山羊

产地及分布：主要分布在四川凉山彝族自治州的会理、合东二县，该州的其他县也有分布。

生产性能：建昌黑山羊生长发育快，周岁公羊体重相当于成年公羊体重的 71.6%，周岁母羊体重相当于成年母羊体重的 76.4%。成年公羊体重、体长和体高分别为 31 千克、60.6 厘米和 57.7 厘米；成年母羊体重、体长和体高分别为 28.9 千克、58.9 厘米和 56.0 厘米。成年羯羊屠宰率 51.4%，净肉率 38.4%，其皮板幅张大，面积为 5000～6400 厘米²，厚薄均匀，富有弹性，是制革的好原料。性成熟早，产羔率平均为 116.0%。

黑山羊肌纤维细，硬度小，肉质细嫩，味道鲜美，膻味极小，营养价值高，蛋白质含量在 22.6% 以上，脂肪含量低于 3%，胆固醇含量低，含人体必需氨基酸 15 种以上，尤以谷氨酸含量最高；具有滋阴壮阳、补虚强体、提高人体免疫力、延年益寿和美容之功效，特别对年老体弱、多病患者有明显的滋补作用。

(5) 贵州白山羊

产地及分布：原产于黔东北乌江中下游的沿河、思南、务川等县，黔东南苗族侗族自治州、黔南布依族苗族自治州也有分布。

生产性能：成年公羊体重平均为 32.8 千克，成年母羊平均为 30.8 千克。1 岁羯羊屠宰率 47.5%，成年羯羊为 48.9%。性成熟早，母羊初情期在 3～4 月龄，5 月龄就开始配种。贵州白山羊平均产羔率为 273.6%。产肉性能好，繁殖力强，板皮质量好，肉质细嫩，肌肉间有脂肪分布，膻味轻。板皮拉力强而柔软，纤维致密。

(6) 雷州山羊

产地及分布：中心产区为广东省湛江地区徐闻县，分布于雷州半岛和海南省。

生产性能：具有繁殖力强、适应性强、耐粗饲、耐湿热等特点。成年公羊体重平均为 54.1 千克，母羊体重平均为 47.7 千克，屠宰率为 50%～60%。肉味鲜美，纤维细嫩，脂肪分布均匀，膻味小。板皮具有皮质致密、轻便、弹性好、皮张大的特点，熟制后可染成各种颜色。性成熟早，5～8 月龄即可初配，产羔率为 150%～200%。

(7) 隆林山羊

产地及分布：中心产区在广西壮族自治区隆林各族自治县境内，毗邻的田林县、西林县也有分布。

生产性能：耐粗饲，各种豆科灌木、禾本科牧草均喜食。耐寒耐湿热，适应亚热带山区高温潮湿气候，在海拔 380～1950 米的地区皆能生长繁殖，可在高原山区或平原地区养殖。成年公羊平均体高、体长、胸围和体重分别为 66.72 厘米、73.50 厘米、83.8 厘米、57 千克，成年母羊分别为 65.28 厘米、72.79 厘米、84.49 厘米、44.7 千克。隆林山羊肌肉丰满，胴体脂肪分布均匀。成年羯羊宰前重平均为 60.46 千克，胴体重平均为 31.05 千克。在粗放饲养管理条件下适应性强，生长发育快，产肉性能好，繁殖力高，特别是肌纤维细、肉质好、膻味小而受消费者欢迎，是华南亚热带山区具有发展优势的山羊品种。性成熟早，母羊可全年发情，一般两年产 3 胎，每胎多产双羔，一胎产羔率平均为 195.18%。

（8）长江三角洲白山羊

产地及分布：原产于我国东海之滨的长江三角洲，主要分布在江苏省的南通、苏州、扬州和镇江地区，浙江省嘉兴、杭州、宁波、绍兴地区和上海市郊县。

生产性能：成年公羊平均体高、体长、胸围和体重分别为 48.39 厘米、72.53 厘米、60.90 厘米、28.58 千克，成年母羊分别为 45.25 厘米、51.26 厘米、56.77 厘米、18.43 千克。繁殖能力强，性成熟早，可两年产三胎，年产羔率为 228.5%。长江三角洲白山羊皮张小，皮质致密、柔韧，富光泽，弹性好，以冬羔在当年晚秋屠宰的皮为最佳，晚春和初夏的较差。毛洁白，具光泽，弹性好，是制毛笔的优良原料。

（9）成都麻羊

产地及分布：产于成都平原及其四周的丘陵和低山地区。因被毛为棕黄而带有黑麻的感觉，故称麻羊。现已分布到四川大部分县市及湖南、湖北、广西、河南、河北、陕西、贵州等地，与当地山羊杂交改良效果好。

生产性能：成年公羊体重、体高、体长分别为 43.0 千克、66 厘米、67 厘米；成年母羊分别为 32.6 千克、60 厘米、59 厘米。该品种生长发育快，周岁羊体重可达成年羊体重的 70%～75%；适应性强、耐粗放饲养、遗传性能稳定、肉质细嫩、味道鲜美、无膻味及板皮面积大为其显著特点。产肉性能较好，周岁羯羊胴体重约 14 千克，成年羯羊屠宰率可达 54%。产奶性能好，泌乳期 5～8 个月，产奶量为 150～250 千克，乳脂率为 6.8%。性成熟较早，繁殖力强，4～8 月龄开始发情。母羊全年发情，年产两胎，每胎产羔 2～3 只，产羔率 210%。麻羊的板皮致密、弹性好、板皮薄，为优质皮革原料，深受国际市场欢迎。

（10）福清山羊

产地及分布：产于福建省东南部沿海冲积平原地区，饲养历史悠久，是优良地方山羊品种，中心产区为福清和平潭，也分布于福鼎、霞浦、罗源、连江、闽侯、莆田、永泰等地，近年来内陆山区以及周边省份如四川、上海、广东、江西不少养殖户也开始引种饲养。

生产性能：成年公羊平均体高、体长、胸围和体重分别为 53.4 厘米、58.3 厘米、72.2 厘米、27.9 千克，成年母羊分别为 49.1 厘米、55.1 厘米、69.0 厘米、26.0 千克。经过肥育，8 月龄的羯羊体重平均可达 23.0 千克，1.5 岁的羯羊平均可达 40.5 千克。羯羊屠宰率（以带皮胴体重计算）平均为 55.84%，母羊平均为 47.6%。

据 103 胎统计，产单羔的占 23.3%，产双羔的占 73.79%，产三羔的占 2.91%，产四羔的极少。羔羊成活率为 98.5%。双羔平均初生重为 1.34 千克。母羊的繁殖性能与饲养方式密切相关，放牧饲养的繁殖性能较好；舍饲的体型较小，性成熟期延迟，多产单羔。福清山羊皮薄而嫩、肉鲜，膻味小，一般可以连皮烹食。

（11）戴云山羊

产地及分布：主产于福建中部戴云山脉的德化、大田、尤溪、安溪、惠安、永春等县，饲养历史悠久，是福建省优良地方山羊品种。

生产性能：成年公羊体重、体高、体长、胸围分别为 35.17 千克、54.78 厘米、60.78 厘米、75.56 厘米，成年母羊分别为 26.23 千克、50.44 厘米、59.27 厘米、69.83 厘米。其初生体重，单羔为 1.90 千克，双羔每只为 1.56 千克。12 月龄体重，公、母羊分别为 25.73 千克、20.53 千克，12 月龄带皮屠宰率平均为 44.61%。戴云山羊性成熟较早，4 月龄左右就有性活动。公羊 9～10 月龄开始配种利用，母羊一般在 6～8 月龄开始配种繁殖。母羊发情周期平均为 20 天左右，发情持续时间 2～3 天，妊娠期平均 150 天左右。初产母羊多产单羔，两年产三胎为常见，少数年产两胎。

（12）闽东山羊

产地及分布：分布于福建省宁德市的福安、霞浦、柘荣、屏南、古田、蕉城等地，与宁德市相邻的浙江苍南县、福建的南平地区及罗源、连江也有少量分布。2009 年闽东山羊被确定为我国新发现的地方优良山羊品种。

生产性能：成年公羊平均体重、体高、体长、胸围分别是 43.22 千克、61.67 厘米、68.56 厘米、79.67 厘米，成年母羊分别是 36.62 千克、56.82 厘米、69.79 厘米、78.62 厘米，周岁公母羊平均屠宰率为 44.62%。公羊 9～12 月龄可开始配种利用，母羊 6～8 月龄可开始配种繁殖，平均妊娠期为 149.6 天，经产母羊产羔率为 202.6%。

第二章　山羊繁殖

1. 山羊的初情期和初次适配年龄大约在什么时期？

公山羊的初情期是指第一次能够释放出精子，母山羊则是指初次发情与排卵的时期。山羊的初情期一般为4～6月龄，不同品种的初情期差异较大，一般来说体型小的品种早于体型大的品种，南方品种早于北方品种。少数南方山羊品种（如戴云山羊、福清山羊）在3～4月龄便能配种受胎，而陕北黑山羊初次发情则在5～7月龄。另外，季节、气候及营养因素也会影响初情期的出现，一般热带的羊早于寒带或温带的羊，营养良好的羊早于营养不良的羊。

山羊到达初情期时虽然母羊有发情表现，但不完全，发情周期也往往不规律，生殖器官仍在继续生长发育之中，因而还不适宜配种。初情期后经过一段时间，山羊的生殖器官已发育完全，达到性成熟期，此时一般为5～8月龄，体重为成年羊的40%～60%。影响初情期的因素（如品种、气候和营养等），亦能影响性成熟的早迟。虽然性成熟时羊的生殖器官已发育完全，具备了正常的繁殖能力，但因其个体的生长发育尚未完成，故在性成熟初期母羊不宜配种，否则会影响母羊自身及胎儿的正常发育，影响后续的妊娠，缩短利用年限。

公山羊的初情期为4月龄左右，但睾丸的发育一直可持续到12月龄，其重量从3月龄的约36克增长到12月龄时的约126克。曲细精管的直径也从3月龄的133微米增加到6月龄时的198微米，之后增加较少。从4月龄开始，公山羊的睾丸和附睾中都能检测到精子。第一次能射出精子活力较高的精液一般是在17月龄左右。

一般而言，母羊的初次配种以10～12月龄为宜，并且需要同时考虑气候条件、营养状况等综合因素。在生产实践中，母羊初配期在体重达成年体重70%左右时为宜。过早配种会影响母羊自身的生长发育；过迟配种则不仅影响其遗传进展，而且会造成经济上的损失。种公羊最好在1.5岁、体重达到60千克以上时，同时在满足营养需要的基础上，正式参加配种或采精，过早配种会缩短种公羊的利用年限。

2. 山羊的发情和发情周期有什么特点?

山羊为自发性排卵的动物,发情周期为 20~21 天,排卵发生在发情开始后 30~36 小时。

(1) 发情行为

母羊达到性成熟后出现正常的周期性性表现,如出现有性欲、兴奋不安、食欲减退等一系列行为变化,以及外阴红肿、子宫颈开放、卵泡发育、分泌各种生殖激素等一系列生殖器官形态与功能的变化,称之为发情。发情时,母羊的行为及生殖器官均有明显的征兆。大多数母羊表现出鸣叫不安,兴奋,摇头,四处张望,食欲减退,反刍和采食时间明显减少,频繁排尿,并不时地摇摆尾巴。喜欢接近公羊,常嗅闻其会阴及阴囊部,或静立等待公羊爬跨,后期接受公羊爬跨,并主动掉腚给公羊,两后腿叉开,翘尾,阴门开合。外阴部充血肿胀,由苍白色变为鲜红色,阴唇黏膜红肿。用开膣器打开阴道检查,前期可见少量稀薄黏液随开膣器流出,子宫颈口潮红、湿润,但不开口;后期子宫颈口呈粉红色,松弛开放,黏液增多且更加混浊黏稠,从阴道流出时连绵不断。

(2) 配种对发情持续时间的影响

母羊每次发情的持续时间称为发情持续期,一般母羊发情的持续期都比较短,平均约为 40 小时 (24~48 小时)。不同年龄母羊的发情持续时间存在差异,如幼龄母羊只有 15~20 小时,1.5 岁的母羊为 24~30 小时,成年母羊为 30~48 小时。爬跨可明显缩短山羊的发情持续时间,交配一次可使发情期缩短 45%,但交配 2~3 次时则不会进一步缩短。山羊发情期的长短也存在着明显的季节性变化,繁殖季节开始时较短,结束时较长。

(3) 发情周期和发情期

母羊从发情开始到发情结束后,经过一定时间又周而复始地再次重复这一过程,两次发情开始间隔的时间就是一个发情周期。山羊的发情周期平均为 21 天 (16~24 天)。发情周期长短受季节的影响较大,寒冷干燥的冬季正常周期的比例最高,而在炎热多雨的夏季则最低。初情期及老龄山羊在繁殖季节开始时可以出现 5~12 天的短周期,发情季节结束时也可出现 40~50 天的长周期。

3. 母羊的妊娠期是多少天? 其繁殖季节有什么特点?

山羊从开始怀孕到分娩,这一时期称为怀孕期或妊娠期。怀孕期的长短,因品种、多胎性、营养情况等的不同而略有差异。早熟品种多半是在饲料比较丰富的条件下育成的，怀孕期较短，平均为 145 天左右；晚熟品种多在放牧条件下育成的，怀孕期较长，平均为 149 天左右。

山羊为季节性多次发情的动物，每年发情的开始时间及次数，因品种及地区不同而有差异。一般来说，山羊的发情季节主要在春秋两季，且以秋季发情旺盛，在每个繁殖季节有多个发情周期。发情季节初期，幼年山羊多发生安静排卵。虽然第一次排卵时有些山羊表现安静发情，但在引入公羊后 17～24 天出现第二次发情周期时均可表现发情行为和出现发情征兆。

母羊若在 8～9 月份发情配种，产羔时间就在次年的 1～2 月份，所产为冬羔；若在 11～12 月份配种，产羔时间就在次年的 4～5 月间，所产为春羔。产冬羔的母羊其配种期正好是青草茂盛的季节，母羊膘情好，排卵多，受胎率高，母羊妊娠时营养好，羔羊个体大，容易成活，成活率可比春羔高 25％以上，羔羊断奶后仍能在较长时间内吃到青草，易于越冬。我国南方山羊发情季节不明显，全年均可发情配种，母羊基本上都能两年产 3 胎。

4. 如何选择母羊的最佳配种时期？

羔羊的成活率和母仔健壮是决定山羊最佳配种时期的主要因素。在年产羔 1 胎的情况下，按产羔时间可分为冬羔和春羔。产冬羔的主要优点是：羔羊初生重大，且断奶后就可以吃上青草，生长发育快，越冬度春能力强；产羔季节气候较寒冷，肠炎和羔羊痢疾的发病率比春羔低，羔羊成活率高。但是冬季产羔必须储备足够的饲草、饲料和准备保温良好的羊舍，同时，劳力的配备也要比产春羔多，如果不具备上述条件，容易因母羊奶水不足、羔羊生产管理落后等因素而带来较大的损失。产春羔时，天气开始转暖，因而对羊舍的要求不严格，同时，由于母羊在哺乳前期已能吃上青草，能分泌较多的乳汁哺育羔羊。产春羔的主要缺点是：母羊在整个怀孕期处在饲草、饲料不足的冬季，母羊营养不良，胎儿的个体发育不好，初生重比较小、体质弱，虽经夏、秋季节的放牧可以获得部分补偿，但是，紧接着冬季到来，羔羊比较难越冬度春。另外，由于春羔断奶时已是秋季，对断奶后母羊的抓膘有影响，特别是在草场不好的地区，对母羊的发情配种及当年的越冬度春都有不利的影响。我国南方地区的山羊多能实现全年发情配种，应该注意加强冬季缺草季节的饲草储备，可通过种植黑麦草、紫花苜蓿等冬季牧草或制备青贮、微贮为冬季产羔提供保障，提高养殖收益。

5. 山羊常用的配种方式有哪些？

山羊常用的配种方式主要包括自然交配、人工辅助交配和人工授精 3 种。

（1）自然交配

养羊业中最原始的配种方法，即在山羊的繁殖季节将公羊、母羊混群放牧，任其自由交配。该方法节省人工，不需要任何设备，如果公、母羊比例适当［一般1：（30～40）］，也能保持相当高的受胎率。但是自然交配也存在一些明显的缺点，由于公、母羊混群放牧，公羊在一天中会一直追逐发情母羊交配，严重影响羊群采食，也对公羊的精力消耗太大，无法了解后代的血缘关系，不能进行有效地选种选配；另外，缺乏对母羊确切配种时间的了解，无法推测母羊的预产期，羊群产羔时期也相应被拉长，羔羊群年龄大小不一，从而造成了管理上的困难。

（2）人工辅助交配

在生产中，为了克服自然交配的缺点，又不需进行人工授精时，亦可采用人工辅助交配法，即将公、母羊分群放牧，配种季节时定期对母羊进行试情，将发情的母羊与指定的公羊进行交配。采用这种方法配种，可以准确登记公、母羊的耳号及配种日期，从而能够预测分娩期，节省公羊精力，增加受配母羊头数，同时也比较有利于羊群的选配工作。

（3）人工授精

人工授精是指用器械采集公羊精液，在体外经检查处理后，再用器械将一定量的精液输入到发情母羊生殖道的一定部位，用人工操作的方法代替自然交配的一种繁殖技术，主要包括采精、精液品质检查、精液稀释、精液的保存和运输、母羊的发情鉴定、输精等步骤。这是近代畜牧科学技术的最大成就之一，是当前山羊养殖业中常用的技术措施。

6. 与自然交配相比，人工授精有哪些优点？

（1）自然交配的公羊1次只能配1只母羊，而人工授精要求的输精量较少且可以进行精液稀释，对公羊采精1次，可供几只甚至几十只母羊授精。应用人工授精的方法，不但可以大幅提高配种数量，而且还可以充分发挥优良公羊的作用，迅速提高羊群质量。

（2）采用人工授精可将精液完全输送到母羊子宫颈或子宫颈口，增加了精子与卵子结合的机会，同时也解决了母羊因阴道疾病或因子宫颈位置不正所引起的不育。另外，通过对精液品质的检测，可避免因精液品质不良造成母羊空怀，大大提高了母羊的受胎率。

（3）在自然交配过程中，由于公、母羊的身体和生殖器官相互接触，容易导致某些传染性疾病和生殖器官疾病的传播。人工授精避免了公、母羊的直接接触，使用经过严格消毒后的器械，大大减少了疾病传播机会。

（4）采用人工授精方法，可以减少种公羊的饲养量，节约养殖成本。

（5）采用人工授精可实现公羊精液的长期保存和远距离运输，这可进一步发挥优秀种公羊的作用，迅速改良低产羊群。

7. 山羊采精的方法及如何对种公羊进行采精训练？

山羊的采精主要采用假阴道采精法，即利用假阴道收集种公羊的精液。在整个采精过程中要保证收集到种公羊射出的全部精液，不能造成精液的污染或精液品质的改变，还要保证种公羊和精子均无损伤。

采精场地要求宽敞、明亮、地面平整，环境要安静、清洁，设有采精架、真台羊（或假台羊）等必要设施，其基本结构包括采精室和实验室两部分。采精室可采用开敞的棚舍，但实验室必须是可封闭的建筑。一般羊场只要选择某一开阔场地，固定好假台羊或保定架即可进行采精。

山羊采精时可使用发情母羊作为台羊，性欲强的公羊亦可使用未发情的母羊或假台羊。真台羊可以人为保定，也可以使用保定架保定。在采精前，要将假阴道清洗、消毒并安装好，假阴道的内胎注水后，要保持一定的压力和润滑度，其内温度要在38～40℃，一端应呈"Y"形或"X"形方可使用，其他形状均不能使用。

采精前应调整种公羊性欲达最佳状态。种公羊体况应该适中，防止过肥或过瘦。采精集中期应饲喂全价饲料，并给予适当运动，定期检疫和清洗体表。春季种公羊精液的品质相对较差，在此期间可补充高蛋白饲料，如每天拌料饲喂2～3个生鸡蛋。采精前应对公羊生殖器官进行彻底清洗和消毒。

人工授精使用的种公羊是经过长期训练而成的，在生产中主要采用榜样示范法对种公羊进行采精训练。一般在采精室一侧设置采精调教位置，当训练好的公羊正在采精时，让待调教的公羊在旁观看，使其自然爬跨台羊。调教公羊时应注意如下事项：要反复进行训练，耐心诱导，切勿施加强迫、恐吓、抽打等不良刺激，以防止性抑制而给调教造成困难。调教时应注意公羊外生殖器的清洁卫生，包皮和真台羊后躯要清洗干净，防止生殖器官的损伤或污染。最好选择在早上调教，早上公羊精力充沛，性欲旺盛；调教的时间、地点要固定，每次调教时间不宜超过30分钟。

8. 人工采精的操作步骤有哪些？

山羊从阴茎勃起到射精只有很短的时间，所以要求操作人员要敏捷、准确，具体的操作步骤如下：

（1）台羊的准备

真台羊可人为保定，操作时保定人员抓住台羊的头部，不让其往前跑动即可。如用采精架保定，将真台羊牵入采精架内，将其颈部固定在采精架上。用0.1%高锰酸钾溶液冲洗台羊的外阴和后躯并擦干。

（2）种公羊的消毒

将种公羊牵到采精场地内，种公羊的生殖器官可用0.1%高锰酸钾溶液清洗消毒，尤其要将包皮部分清洗干净。

（3）采精员的准备

将种公羊牵到台羊旁，采精员应蹲在台羊的右后侧，手持假阴道，随时准备将假阴道固定在台羊的尻部。

（4）采精操作

当种公羊阴茎伸出、跃上台羊后，采精员手持假阴道，迅速将假阴道筒口向下倾斜，与种公羊阴茎伸出方向成一直线，左手掌心向上在包皮开口的后方托住包皮，切不可抓握阴茎，以免阴茎受刺激后缩回，将阴茎拨向右侧导入假阴道内。当种公羊用力向前一冲后，即表示射精完毕。在射精的同时，采精员应使假阴道和集精杯一端略向下倾斜，以便精液流入集精杯中。当种公羊跳下台羊时，假阴道应随阴茎一同后移，不要用力抽出。当阴茎软缩、从假阴道中自行脱出后，立即将假阴道直立，筒口向上，并送至精液实验室内，内胎放水后，取下精液杯，盖上盖子。

（5）采精操作完成后，应将精液尽快检测。

种公羊第一次射精后，可休息15分钟后进行第二次采精，采精前应更换新的采精杯，并重新调节内胎的温度和压力。最好准备2个假阴道用于1头种公羊的采精。种公羊在春季精液量和配种最差，而在秋季最好，通常每周可采精7～20次。具体生产中应根据种公羊精液品质与性功能状况调节采精频率。

9. 如何进行种公羊的精液品质检查？

精液品质检查的目的是鉴定精液品质的优劣，以便判断配种能力，同时也反映出公羊的饲养管理水平、生殖功能状态和技术人员操作水平的好坏，并作为确定精液稀释倍数、保存和运输方法的依据。实验室应配备精液品质检测的全套用具，包括微量移液器及配套吸头、磁力搅拌器、恒温加热板、显微镜等，以便及时对精液品质和指标进行评定。

根据检测项目，精液检测可分为常规检查项目和定期检查项目两类。常规检测项目为射精量、色泽、气味、云雾状程度、精子活力、精子密度和精子畸形率7项指标，定期检测项目包括pH值、精子活率、精子存活时间及生存指数和精子抗力等。

（1）射精量

射精量是指公羊每次射精的体积。以连续 3 次以上正常采集到的精液量平均值代表射精量，可用体积测量容器测定，如刻度试管或量筒。种公羊在繁殖季节射精量平均为 1.2 毫升，在非繁殖季节射精量在 1 毫升以内。

（2）色泽

山羊精液的颜色一般为白色或乳白色，在密度高时呈现浅黄色，总体颜色因精子浓度高低而异，乳白色程度越重，表示精子密度越高。在不正常情况下，精液可能出现红色、绿色或褐色等。

（3）气味

山羊的精液一般无特殊气味或略有膻腥味，若有异味则表示不正常。

（4）云雾状程度

正常山羊精液因精子密度大表现混浊不透明，用肉眼观察时，可见因精子运动所形成的云雾状翻腾，云雾状翻腾越明显，说明精液的精子密度和活力越好。

（5）精子活力

精子活力也称精子活率，是指在 37℃ 环境下精液中前进运动精子占总精子数的比率，一般用百分制方式表示。精子活力的主要测定方法是估测法。具体测定程序如下：恒温电热板放在载物台上，打开电源并将温度设为 37℃，然后将载玻片放于电热板上进行预热；将生理盐水加热至与精液等温，按 1∶10 的比例稀释；取 20～30 微升稀释后的精液，放在预温后的载玻片中间，盖上盖玻片，用 100 倍和 400 倍显微镜检查；在显微镜下判断视野中前进运动精子所占的百分率。山羊新鲜精液的精子活力达到 0.7 及以上时，才可用于人工授精和制作冷冻精液。山羊冷冻精液的活力必须达到 0.3 以上才能使用。

（6）精子密度

精子密度也称精子浓度，指单位体积精液中所含的精子数，常用"亿个/毫升"表示。山羊精液的精子密度不能低于 6 亿个/毫升，否则不能用于人工授精和制作冷冻精液。目前测定精子密度的方法常用估测法和红细胞计数板法。一般采用红细胞计数板法测定精子密度，其计数室长、宽各为 1 毫米，面积为 1 毫米^2，盖上盖玻片时，盖玻片和计数室之间的高度为 0.1 毫米，则计数室的总体积为 0.1 毫米^3。计数室由双线或三线组成 25（5×5）个中方格，每个中方格内又有 16（4×4）个小方格，共计 400 个小方格。测定时首先必须对精液进行稀释，稀释的比例根据精液的密度确定，以便于计数。稀释时，先在试管中加入 3% 氯化钠溶液 1000 微升，再加入原精液 5 微升，充分混匀。

然后在 400 倍显微镜下，找出计数板上的方格，在计数室上盖上盖玻片，将视野调整清晰。接下来取 25 微升稀释后的精液，将吸嘴放于盖玻片与计数板的接缝处，缓慢注入精液，使精液依靠毛细作用吸入计数室。将计数板固定在显微镜的推进器内，在 400 倍下找到计数室的第一个中方格。计数左上角至右下角 5 个中方格中的总精子数，也可计数 4 个角和最中间 5 个中方格中的总精子数。按图中数字顺序计数，以精子头部为准，依数上不数下、数左不数右的原则计数格线上的精子，白色精子不计数。最后按照下面公式计算精子密度：

$$精子密度＝5 个中方格中精子总数×5×10×1000×稀释倍数$$

（7）精子畸形率

精液中形态不正常的精子称为畸形精子，精子畸形率是指精液中畸形精子数占总精子数的百分比，用"‰"来表示。畸形精子有多种形态，畸形率对受精率有重要影响，如果精液中含有大量畸形精子，受精能力就会降低。通常采用显微镜染色检查精子畸形率。一般采用甲紫（龙胆紫）0.5 克，加入 20 毫升 100％酒精进行助溶，再加水至 100 毫升，过滤至试剂瓶中备用。用微量移液器取 5 微升原精液至试管中，并吸取 200 微升 0.9％氯化钠溶液混合均匀后抹片进行检测。

10. 如何进行精液稀释？

山羊的精液密度大，一般 1 毫升原精液中约有 25 亿个精子，但配种时只要输入不少于 2000 万个有效精子就可使母羊正常受胎。精液稀释不仅可以扩大精液量，增加可配母羊数，更重要的是稀释液可以中和副性腺的分泌物，缓解对精子的损害作用，同时供给精子所需要的营养，为精子生存创造一个良好的环境，从而达到延长精子存活时间、便于精液保存和运输的目的。根据稀释液的性质和用途，稀释液可分为现用稀释液、常温保存稀释液、低温保存稀释液和冷冻保存稀释液 4 类。

现用稀释液以扩大精液容量、增加配种头数为目的，适用于采精后立即稀释并输精，稀释液以简单的等渗糖类和奶类物质为主体配制而成，也可将 0.85％或 0.89％氯化钠溶液高压灭菌后使用。在养殖场、农村饲养种公羊的单位开展人工授精可采用这种稀释液。

常温保存稀释液适合精液常温短期保存用，一般 pH 值较低。常温保存稀释液有鲜乳稀释液、葡萄糖-柠檬酸钠-卵黄稀释液。鲜乳稀释液是将新鲜牛奶或羊奶用数层纱布过滤，然后水浴加热至 92～95℃，维持 10～15 分钟，冷却至室温，除去上层奶皮，每毫升加青霉素 1000 国际单位、链霉素 1000 微克。葡萄糖-柠檬酸钠-卵黄稀释液是用 100 毫升蒸馏水加 5 克乳糖、3 克无水葡萄糖、1.5 克柠檬酸钠，溶解、过滤、消毒、冷却后每毫升加青霉素 1000 国际单位、链霉素 1000 微克。

低温保存稀释液适用于精液低温保存，其成分较复杂，多数含有卵黄和奶类等抗冷休克作用物质，还添加甘油或二甲基亚砜等抗冻害物质。目前山羊精液保存稀释液配方较多，常用的配方为：葡萄糖 0.8 克，二水柠檬酸钠 2.8 克，加蒸馏水 100 毫升配成基础液，取 80% 基础液、20% 卵黄，每毫升加青霉素 1000 国际单位、链霉素 1000 微克。

冷冻保存稀释液一般含有低温保护剂（卵黄、牛奶等）、抗冻保护剂（甘油、乙二醇等）、维持渗透压物质（糖类、柠檬酸钠、EDTA 等）、抗生素（青、链霉素或硫酸庆大霉素等）及其他添加剂。

稀释液的温度要与精液的温度一致，在 20～25℃时进行稀释。精液进行适当倍数的稀释可以提高精子的存活力，一般精液的稀释比例为 1:（20～40）。

11. 精液保存有哪些方法?

精液保存可以暂时抑制或停止精子的运动，降低其代谢速度，减缓其能量消耗，以达到延长精子存活时间而又不至于使其丧失受精能力的目的。精液的保存方法可分为常温（15～25℃）保存、低温（0～5℃）保存、冷冻（-79℃或-196℃）保存。

（1）常温保存

常温保存允许温度有一定的变动幅度，无需特殊的温控和制冷设备，操作比较简便。一般山羊的精液常温保存 48 小时后，成活率仍可达原精液活率的 70%。保存方法是将稀释后的精液装瓶密封，用纱布或毛巾包裹好，置于温度为 15～25℃的环境中避光保存，通常采用隔水保温方法处理，也可将贮精瓶直接放在温度适宜的室内、地窖或自来水中，其主要缺点是保存时间较短。

（2）低温保存

低温保存是将稀释后的精液置于 0～5℃的条件下保存。在这种低温条件下，精子活动受到抑制，降低其代谢和能量消耗、抑制微生物生长，以达到延长精子存活时间的目的。稀释后的精液为避免精子发生冷休克（0～10℃），必须采取缓慢降温方法，从 30℃降至 5℃时，每分钟下降 0.2℃左右为宜，整个降温过程需 1～2 小时。方法是将分装好的贮精瓶用纱布或毛巾包好，再裹以塑料袋防水，置于 0～5℃低温环境中存放。最常用的保存方法是将精液放置在冰箱内保存，注意维持温度的恒定是关键。低温保存的精液在使用前要进行升温处理。升温的速度对精子影响较小，故一般可将贮精瓶直接投入 30℃温水中即可。

（3）冷冻保存

冷冻保存解决精液长期保存和运输困难的问题，极大地提高优良种公羊的利用率，加速良种推广步伐。将精液用冷冻稀释液稀释后经精液的平衡（1～5℃条件下静置平衡2～4小时），然后用液氮冻制颗粒或细管冻精，放在液氮贮精罐内备用。对于冷冻精液可用液氮罐进行运输，但目前由于冷冻精液存在受胎率偏低的问题，难以在生产中推广应用，生产中仍以液态精液人工授精为主。

12. 如何进行母羊发情鉴定？

人工授精技术要求对母羊进行准确的发情鉴定以保证受精率，目前母羊的发情鉴定主要有外部观察法、试情法和阴道检查法等。

（1）外部观察法

发情母羊常表现为兴奋不安，对外界的刺激反应敏感，常鸣叫，举尾弓背，频频排尿，食欲减退，喜主动寻找和接近公羊，愿意接受公羊交配，当公羊追逐或爬跨时站立不动。该方法主要观察母羊外部表现和精神状态，从而判断其是否发情和发情程度。由于山羊的发情期短，外部表现不十分明显，常结合试情法进行发情鉴定。

（2）试情法

根据母羊对试情公羊的反应来判定是否发情。发情时，母羊通常表现为愿意接近公羊、频频排尿、有求配动作等，而不发情或发情结束后则表现为远离公羊，当公羊强行接近时，往往会出现躲避行为，甚至踢、咬等抗拒行为。这种方法简易可行，有相当高的准确性。

（3）阴道检查法

使用阴道开张器插入母羊阴道，观察其阴道黏膜的色泽和充血程度、子宫颈的弛缓状态、子宫颈外口开口的大小和黏液的颜色、分泌量及黏稠度等，以判断母羊的发情程度。检查时，器械要经灭菌消毒，插入时要小心谨慎，以免损伤阴道壁。

13. 输精有哪些技术要点？

输精前首先将发情母羊两后肢抬在输精室内离地高度为50厘米左右的横杠式输精架上或站立在输精坑边。若无输精架或坑时可由工作人员保定母羊，以便于输精。各种输精用具在使用之前必须彻底洗净消毒。用0.01％高锰酸钾消毒输配母羊外阴部，再用温水洗掉药液并擦干，最后以生理盐水棉球擦拭。输精枪以每头母羊 1 支为宜，输精枪有限时，每输完 1 头后，应先用湿棉球由尖端向后擦拭外壁，再用酒精棉球涂擦消毒，其管内腔先用灭菌生理盐水冲洗干净，后用灭菌稀释液冲洗方可再用。

用于输精的精液，必须符合山羊输精所要求的输精量、精子活率及有效精子数等。输精人员要身着工作服，手洗干净后以 75％酒精消毒，待酒精完全挥发再持输精枪操作。母羊输精时间一般在发情后 10～36 小时，为提高母羊受胎率，可第 1 次输精后间隔 12 小时再输精 1 次，要求每个输精剂量中有效精子数不少于 2000 万个。

输精时将开膣器插入阴道深部，之后旋转 90°，开启开膣器寻找子宫颈口，如果在暗处输精，要用额灯或手电筒光源辅助。开膣器开张幅度以 2～3 厘米为宜，找到子宫颈后，将输精枪插入子宫颈口内 1～2 厘米处缓缓注入精液，输精后先将输精枪取出，再将开膣器抽出。

14. 提高山羊繁殖力的主要措施有哪些？

（1）重视山羊繁殖性状的选育

羊的繁殖性状属于低遗传力性状，且为限性性状，传统的育种方法遗传进展慢、周期长、效果不理想。随着基因组学的深入发展，大量控制羊重要经济性状的主效基因被鉴定、分离，实现了从分子层面直接进行品种的遗传改良，为羊繁殖性状的遗传改良提供了新的途径。目前在布鲁拉系美利奴羊、小尾寒羊、湖羊、济宁青山羊等高繁品种中都发现了存在影响高繁殖力的主效基因及突变位点。因此，可通过强化多胎基因的选择来提高多胎基因型的频率，使群体的多胎率得到提高。

（2）提高种公羊和繁殖母羊的营养水平

营养水平对羊的繁殖力影响极大。种公羊在配种季节与非配种季节均应给予全价的营养物质。实践中只重视配种季节的饲养管理，而放松对非配种季节的饲养和管理，往往造成在配种季节到来时，公羊的性欲、采精量、精液品质等繁殖性状不理想。因此，必须加强公羊的饲养管理，常年保持种公羊的种用体况。公羊良好种用体况的标志应该是：适宜的膘情状况，性欲旺盛，接触母羊时有强烈的交配欲，体力充沛，喜欢与同群或异群羊只挑逗打闹，行动灵活，反应敏捷，射精量大，精液品质好。

由于母羊是羊群的主体，是肉羊生产性能的主要体现者，同时兼具繁殖后代和实现羊群生产性能的重任，所以母羊的营养状况具有明显的季节性。草料不足，饲料单一，尤其缺少蛋白质和维生素，是山羊不发情的主要原因。生产上对营养中下等和瘦弱的母羊要在配种前 1 个月给予必要的补饲，以提高羊群的繁殖力。

(3) 调整畜群结构，增加适龄繁殖母羊比例

畜群结构主要指羊群中的性别结构和年龄结构。从性别方面讲，有公羊、母羊和羯羊3种类型的羊只，母羊的比例越高越好；从年龄方面讲，有羔羊、周岁羊、2~6岁羊及老龄羊，羊群中年龄由小到大的个体比例逐渐减少，形成有一定梯度的"金字塔"结构，从而使羊群始终处于一种动态的、后备生命力异常旺盛的状态。也就是说，要增加羊群中的适龄（2~5岁）繁殖母羊的比例。养羊业发达的国家，育种群的适繁母羊的比例一般都在70%以上，我国广大农牧区则多在50%左右或50%以下，从而限制了羊群的繁殖速度。

(4) 加强环境控制

温度对繁殖力的危害以高温为主，低温危害较小。气温过高时，羊群散热困难，影响其采食和饲料报酬，所以气温较高的地区，羊的生产能力一般较低。羊虽然在全年都具有生育能力，但睾丸的生精和内分泌功能呈现季节性变化特点。研究表明，季节影响山羊的射精量和精子活力，精子平均活力以春季为最高，其次为秋季，再次是冬季，最后是夏季，而平均射精量是以夏季为最高，以冬季为最低。因此，要做好夏季的防暑降温工作，这对提高羊群的繁殖力有重要意义。

山羊属于短日照繁殖家畜，当日照由长变短时，山羊开始发情，进入繁殖季节。因此，可用人工控制光照来决定配种时间。秋季在羊舍增加照明，可使配种季节提前结束。夏季每天将羊舍遮罩一段时间来缩短光照，能使母羊的配种季节提前出现。此外，应淘汰连续两年不能怀孕的母羊，每年在配种前对公、母羊生殖系统进行检查，发现疾病，及时治疗或淘汰。这也是提高羊群繁殖力的重要技术环节，应加以高度重视。

(5) 利用繁殖新技术

随着养羊研究与实践的深入，运用繁殖新技术，如人工授精技术、同期发情技术、超数排卵、胚胎移植技术及孕马血清等药物抑制剂和免疫技术等，也是提高山羊繁殖力的有效手段。

第三章 羊舍建设与设备

1. 场址选择需要考虑哪些因素?

（1）地势高燥、向阳

场址应选择地势较高、地下水位低、南坡向阳、排水良好和通风干燥的地方。切忌在低洼涝地、山洪水道、冬季风口处建场。

（2）交通要便利

羊场距离公路、铁路等交通干道、居民点、附近单位和其他畜群应在500米以上，并保证能源供应充足。

（3）满足饲养品种的特殊需要

肉用种羊场或集中育肥羊场，宜建在地势较为平坦、气候温和、饲草料资源丰富及具备屠宰加工条件的地区。以农田茬子地放牧和补饲农副产品为主的羊场，最好选择种植业发达的中心地带，靠近林带或沟渠滩涂而建。气候潮湿地区的羊场，应选择在中高山区或低山丘陵区建场，以防止发生腐蹄病和寄生虫感染。

（4）草料、饮水供给充足

应充分考虑放牧条件和草料、饮水的供给。有草山草坡或人工草场的地区，要有足够的四季牧场，要合理安排草场的轮牧。以舍饲为主的地区及集中育肥肉羊产区，应建有充足的饲草料生产基地或有充足的饲草料来源。羊的饮水以泉水和深井水为最好，不要在水源不足或受到污染的地方建场。

（5）要全面考虑发展计划

羊场的选址既要与当地畜牧业发展规划和生态环境条件相适应，又要考虑养羊业发展趋势和市场需求的变化，以便确定生产方向和扩大生产规模。此外，种羊场最好建在肉羊生产基础较好的地区，以便就近推广和组织生产。

2. 如何进行羊场规划?

羊场规划必须因地制宜，综合考虑周围情况，有效利用场地的地形、地势和地貌，有利于生产、防疫和保护生态环境，有利于节约土地资源和节约建筑资金。

羊场根据功能一般分为生产区、管理区、生活区和隔离观察区等。生产区是整个羊场的核心区，羊舍、饲料贮存与加工、消毒设施、兽医防疫和运动场等均集中于此。管理区是生产经营管理部门所在地。生活区是羊场从业人员生活居住的区域。

各功能区之间应保持一定的距离。管理区和职工生活区一般都放在场部内的大门口附近，以上风方向为宜。每栋羊舍之间应相距 10 米左右；饲料储备与加工设施之间应相距较近，并尽可能靠近场部大门，以方便运输。青贮设施应建在距羊舍较近的地方，方便取用。人工授精室可放在成年公、母羊羊舍之间或附近。兽医室和病羊隔离舍应设在羊场的下风方向，距羊舍 100 米以上，附近设置掩埋病羊尸体的深坑。

3. 羊场布局有哪些基本要求?

羊场内各建筑物的布局，应根据羊场规划统筹考虑。既要保证羊只正常生理健康需要和生产要求，又要便于生产管理和提高劳动生产效率，还要能合理利用土地，布局力求紧凑实用。

(1) 功能分区要求科学合理

羊场至少要分为生活区、管理区、生产区、草料加工区和隔离观察区等区域，并由低矮灌木丛或矮墙将净道、污道隔离开。生活区和管理区应安排在地势较高的上风处，生产区的羊舍朝向应有利于冬季采光或夏季遮阳，隔离区一般位于地势较低的下风处。

(2) 羊舍排列利于生产操作

生产区内建有各种用途的羊舍，一般分为种公羊舍、种母羊舍、产房、羔羊和育成羊舍、育肥羊舍等，从方便生产操作角度考虑，种公羊舍应靠近人工采精室，并与种母羊舍保持一定距离，种母羊舍与羔羊舍（或产羔舍）应相邻。

(3) 布局有利于提高工作效率

生活区与羊舍等建筑物距离应较近，工人上下班步行方便。羊舍通往草料库、放牧地等设施的交通也应以方便为宜，但应保持一定距离，以利于防火。

(4) 要考虑全场整体的美观

生活区要适当种植花木，以增加美观度。生产区可种植带有围护设施的乔木，既用于遮阳又可起美观作用。围栏、房舍等要经常维修，院落、道路、羊栏等应保持清洁，并定期消毒。

4. 羊舍建设的基本要求包括哪些内容？

根据山羊喜欢游走、耐寒冷、忌潮湿和怕闷热的生活特性，修建羊舍需达到以下几个基本要求。

（1）羊舍及运动场面积

羊舍面积大小，应该根据饲养山羊的数量、品种和饲养方式而定。面积过大，浪费土地和建筑材料；面积过小，羊在舍内过于拥挤，环境质量差，有碍羊体健康。各类羊只羊舍所需面积可参考表 3-1。产羔室可按基础母羊数的 20％～25％ 计算面积。运动场面积为羊舍面积的 2～2.5 倍，成年羊运动场面积可按 4 米^2/只计算。

表 3-1　各类羊只所需的羊舍面积

羊只类型	面积（米^2/只）	羊只类型	面积（米^2/只）
春季产羔母羊	1.1～1.6	成年羯羊和育成公羊	0.7～0.9
冬季产羔母羊	1.4～2.0	1 岁育成母羊	0.7～0.8
群养公羊	1.8～2.25	去势羔羊	0.6～0.8
种公羊（独栏）	4～6	3～4 月龄羔羊	0.3～0.5

（2）羊舍温湿度

冬季是羊群产羔的高峰期，羔羊怕冷，为了避免低温导致的生产损失，产羔舍冬季舍温最低应保持在 5℃ 以上，而一般羊舍则在 0℃ 以上。山羊对炎热比较敏感，夏季舍温不宜超过 30℃。山羊对湿度的耐受性不高，过湿的养殖环境容易损害羊只的关节及引发寄生虫病，因此羊舍应保持干燥，地面不能太潮湿，空气相对湿度以 50％～70％ 为宜。

（3）羊舍通风换气

羊舍的通风换气极为重要，尤其是在南方地区相对湿度过大的情况下，因为在饲养过程中，山羊的呼吸和有机物的分解（如尿、粪、饲料）会产生大量有害气体。在羊舍的建筑设计方面，羊舍的通风换气性能需要符合卫生要求，南方羊舍夏季特别要注意通风和防止舍内高温。为保持羊舍空气干燥而清新，应在舍顶上设通气孔，孔上有活门，可根据气温情况随时开关。

（4）羊舍门窗高度与采光

羊舍要求光照充足，门窗应向阳，距地面高度不低于 1.5 米，门的宽度不小于 1.5 米，羊群群体大时可适当放宽至 2.5 米。采光系数成年羊舍 1：（15～25），高产羊舍 1：（10～12），羔羊舍 1：（15～20），产羔室可适当小些。

（5）羊舍长度、跨度、高度

羊舍的长度、跨度和高度应根据所选择的建筑类型和羊舍面积来确定，单坡式羊舍跨度一般为5～6米；双坡单列式羊舍跨度一般为6～8米，双列式一般为10～12米；羊舍净高2.5～2.8米，在寒冷地区可适当降低净高。单坡式羊舍，一般前高2.2～2.5米，后高1.7～2米，屋顶斜面呈45°角。

（6）羊舍地面

地面是羊躺卧休息、排泄和生产的地方，是羊舍建筑中重要组成部分，对羊只的健康有直接的影响。通常情况下羊舍地面要高出舍外地面20厘米以上。由于中国南方和北方气候差异很大，地面的选材必须因地制宜、就地取材。羊舍地面主要有以下几种类型。

①土质地面。土质地面属于软地面类型，土质地面柔软，富有弹性也不光滑，易保温，造价低廉。缺点是不够坚固，容易出现小坑，不便于清扫消毒，易形成潮湿的环境。用土质地面时，可混入石灰增强黄土的黏固性，粉状石灰和松散的粉土按3∶7或4∶6的体积比加适量水拌和成灰土地面，也可用石灰∶黏土∶碎石、碎砖或矿渣按1∶2∶4或1∶3∶6拌制成三合土。一般石灰用量为石灰土总重的6%～12%，石灰含量越大，强度和耐水性越高。

②砖砌地面。砖砌地面属于硬地面类型，因砖的孔隙较多，导热性小，具有一定的保温性能。成年母羊舍粪尿相混的污水较多，容易造成不良环境，又由于砖砌地面易吸收大量水分，破坏其本身的导热性，地面易变冷变硬。砖地吸水后，经冻易破碎，加上本身易磨损的特点，容易形成坑穴，不便于清扫消毒。因此用砖砌地面时，砖宜立砌，不宜平铺。

③水泥地面。水泥地面属于硬地面，水泥地面结实、不透水、便于清扫消毒。缺点是造价高，地面太硬，导热性强，保温性差。水泥地面的羊舍内最好设木床，供羊休息、躺卧。

④漏缝地板。集约化羊场和种羊场多用漏缝地板，给羊提供干燥舒适的卧地。为便于清扫粪便，采用活动的漏缝木条地面，木条宽厚为32毫米、36毫米，缝隙宽15毫米，或用厚38毫米、宽70毫米的水泥条筑成，间距为15～20毫米。漏缝或镀锌钢丝网眼应小于羊蹄面积，以便于清除羊粪且羊蹄不会掉下为宜。漏缝地板羊舍需配以污水处理设备，造价较高。

⑤吊楼式羊舍。羊舍高出地面1～2米，吊楼上为羊舍，下为承粪斜坡，后与粪池相接，楼面为木条漏缝地面。这种羊舍的特点是离地面有一定高度，防潮，通风透气性好，结构简单。通常情况下饲料间、人工授精室、产羔室可用水泥或砖铺地面，以便消毒。

5. 羊舍的主要建设类型有哪些?

羊舍建设的类型依气候条件、品种特点、饲养方式、建筑场地、传统习惯和经济实力等条件而定。在南方主要以防潮和隔热为目的,而在北方则以冬季保温为主要目的,因此羊舍类型有很大不同。

(1) 根据羊舍密闭程度划分

根据羊舍四周墙壁封闭的严密程度,羊舍可分为封闭式、半开敞式和开敞式 3 种类型。封闭式羊舍四周墙壁完整,保温性能好,冬季能防风,适合较寒冷的地区采用;半开敞式羊舍三面有墙,保温性能较差,通风采光好,适合于温暖地区,是我国较普遍采用的类型;开敞式羊舍结构比较简单,只有屋顶而没有墙壁,仅可防止太阳辐射,适合于炎热地区。

(2) 根据羊舍屋顶结构划分

按屋顶结构可分为单坡式、双坡式、拱式、钟楼式、双折式等类型。单坡式羊舍,跨度小,自然采光好,适合小规模羊群和简易羊舍选用;双坡式羊舍,跨度大,保暖能力强,自然采光、通风差,适合寒冷地区采用,是最常用的一种类型。在寒冷地区还可选用拱式、双折式、平屋顶等类型,在炎热地区可选用钟楼式羊舍。

(3) 根据羊舍平面结构划分

根据羊舍平面结构来划分,有长方形羊舍、直角形羊舍和半月形羊舍等。长方形羊舍建筑较方便,实用,采光好、均匀,温差不大,经济适用,目前我国多建长方形羊舍,这类羊舍舍前的运动场可根据分群饲养需要隔成若干小圈,羊舍面积可按羊群大小及利用方式等决定,应用较普遍。直角形和半月形羊舍采光差,且舍前运动场面积较小,故很少采用。

(4) 根据建筑用材划分

根据羊舍采用的建筑材料可分为砖木结构羊舍、土木结构羊舍及敞篷围栏结构羊舍等。

在我国南方地区,气候炎热、多雨、潮湿,羊群容易感染疾病,适于修建楼式羊舍。楼式羊舍的楼板多用木条、竹片铺设,间缝 1.0～1.5 厘米,粪尿可从缝隙中漏下,楼板离地面 1.5～2.0 米为宜。在炎热多雨的季节可将羊圈在楼上,在寒冷季节可将羊圈在楼下,楼上还可以用来贮存草料。运动场在羊舍南面,面积为羊舍的 2.0～2.5 倍。

窑洞式羊舍是一种不用木材,完全用砖结构建成的半圆拱屋面的羊舍。其特点是冬暖夏凉,舍温变化小,保温和防漏性能好,造价低,建筑方便,坚固耐用,适合土质较好的山区和木材缺乏的地区使用,但采光不足和通风性能差。

建设时可适当增加门窗面积，并在洞上钻通风孔，可大大改善其不足之处。

此外，在山区多利用山坡修建地下式羊舍、简易羊舍、吊楼式羊舍等，可大大节省建筑材料，便于清扫粪便。

6. 羊场有哪些主要设施？

羊场的主要设施包括饲槽和饲草架、盐槽、颈架、活动围栏、分羊栏、活动式羔羊补饲围栏和药浴设备、青贮设备、饲料加工机械等。

（1）饲槽和饲草架

①饲槽。饲槽主要用来饲喂饲草和饲料，要求能保护饲草料不受污染和减少浪费，主要类型有移动式、悬挂式和固定式等。根据饲槽的形状，主要包括长形和圆形两种。

移动式饲槽：移动式饲槽可用木板或铁皮制作，大小和尺寸可灵活掌握。为防止羊只踏翻饲槽，可在饲槽两端安装临时性的但装卸方便的固定架，以防羊只进槽。若为铁皮饲槽，要在表面喷防锈涂料。此类饲槽适用各种羊只舍饲喂料。

悬挂式饲槽：悬挂式饲槽是将长方形饲槽两端的木板改为高出槽缘约30厘米的长条形木板，在木板上端中心部位开一圆孔，用一长圆木棍从一孔中插入另一孔中穿出，再用绳索紧扎圆棍两端后，悬挂在羊舍补饲栏上方。此类饲槽适于断奶前羔羊补饲用，高度应以羔羊吃料方便为宜。

固定式饲槽：固定式饲槽可用砖石、水泥砌成，按形状分为长形饲槽和圆形饲槽两种，适用于以舍饲为主的羊群。

长形饲槽：长形饲槽一般设在羊舍内、运动场上或专门的补饲场内，可平行排列或紧靠四周墙壁而设。在双列对头式羊舍内，饲槽通常修在中间走道两侧。若为单列式羊舍，饲槽应修在靠北墙的走道一侧。饲槽要上宽下窄，槽底呈半圆形，上口宽约50厘米，深20～25厘米，槽高40～50厘米。

圆形饲槽：圆形饲槽一般设在运动场或专门的补饲场。用砖或卵石先砌高50厘米、直径2米的圆形底盘，底盘边缘砌15厘米高的槽边，在离底盘边15厘米处向圆心砌一个馒头状堆，于土堆基部四周每隔15厘米竖一块砖。圆形饲槽方便添草料，浪费较少。

②饲草架。饲草架主要用于羊只饲草的饲喂，主要有靠墙固定的平面草架和两面联合的草架两种类型。

靠墙固定平面草架：先用砖、石头或土坯砌一堵墙，或利用羊舍的一面墙，然后将数根木棍或木条下端埋入墙根，上端向外倾斜一定角度，并将各个竖棍的上端固定在一横棍上。横棍两端分别固定在墙上即可。草架长度，按每只成年羊30～50厘米、羔羊20～30厘米设计，竖棍与竖棍之间的间距一般为

10～15 厘米。

两面联合草架：先制作一个高 1.5 米、长 2～3 米的长方形立体框，再用木条制成间隔 10～15 厘米的"V"字形草架，然后将草架固定在立体框之间即成。这种草架的优点是易制造，能移动，方便实用。

（2）盐槽

供给羊群盐和其他矿物质时，如果不在舍内或混在饲料中饲喂，为防止在舍外被雨淋潮化，可设一有顶的盐槽，任山羊随时舔食。随着山羊各种营养舔砖的推广利用，部分养殖场取消了专门的盐槽设备。

（3）颈架

舍饲山羊羊栏前设置草料槽，为固定羊只安静采食，应设置颈架。可采用简易木制颈架，也可采用钢筋焊接颈架，并用活动铁框，羊只进入饲槽铁栏后，放下活动铁框卡住羊颈，达到固定目的。

（4）活动围栏

活动围栏可供随时分隔羊群之用。用于母羊产羔或弱羊的隔离饲养，一般采用木制栅板，以合页连接而成。放置于羊舍角隅摆成直角而成，固定于羊舍墙壁，围成一定大小的小间，供羊单独使用。通常有重叠围栏、折叠围栏和三脚架围栏几种类型。

（5）分羊栏

分羊栏供羊分群、鉴定、防疫、驱虫、称重、打号等生产技术性活动中使用。分羊栏由许多栅板联结而成。在羊群的入口处是喇叭形，中部为一小通道，可容许羊只单行前进，但不能转身，通道长度视羊场规模、组群大小而定。沿通道一侧或两侧，可根据需要设置 3～4 个可以向两边开门的小圈，利用这一设备，就可以把羊群分成所需要的若干小群。

（6）活动式羔羊补饲围栏和饲槽

羔羊在哺乳期补饲时，在羊舍靠墙处用数个栅栏或铁框设一围栏，内置补饲槽和栏门，门大小以母羊不能入内，羔羊则可以随意进出为宜，以保证羔羊的补饲不受干扰。

（7）羊笼及磅秤

羊场要及时掌握肉羊饲养效果，必须定时称重，可设置地秤称量羊只体重。为操作方便，磅秤上可装置木制或铁架制的羊笼，尺寸为长 1.4 米、宽 0.6 米、高 1.0 米，呈长方形，两端有活动门开关，供羊只进出。最好与分羊栏结合，用时可放置分群栏长通道处，使用更方便。

（8）药浴设备

药浴是防治羊群体外寄生虫病的有力手段，药浴设备是山羊养殖场必不可少的设备。根据羊群规模可建筑专门的药浴池、小型药浴槽或配备简易药浴桶、药浴缸、帆布药浴池等。

药浴池一般用水泥、砖、石等材料砌成长方形，似狭长而深的水沟。以山羊能通过而不能转身为度，深1～1.2米。入口处设漏斗形围栏，使羊依顺序进入药浴池。浴池入口呈陡坡，羊走入时可迅速没入池中，出口有一定倾斜坡度，斜坡上有小台阶，以防止羊只滑倒以及身上存留的药液流回浴池。

小型羊场可使用容量较小的药浴槽或药浴桶，可同时将1～2只成年羊一起药浴，并可调节入浴时间。亦可用防水性能良好的帆布加工制作成小型药浴池，安装前按浴池的大小形状挖一土坑，然后放入帆布药浴池，四边的套环用铁钉固定，加入药液即可进行药浴，用后洗净、晒干。

（9）饲料加工机械

饲养肉羊要达到优质、高效、规模化生产，应配置必要的饲料加工机械以提高劳动效率，降低生产成本。

①切草机。分为小型、大型切草机。小型切草机适合小规模养殖使用，用于切短麦秸、稻草和青草、干草类饲草。大型切草机又叫青贮料切草机，适用于大量草料的切碎加工。按照切割部件不同，分为滚刀式切碎机、圆盘式切碎机两种。

②饲料粉碎机。常用的饲料粉碎机分为锤片式和齿抓式两种。锤片式粉碎机按进料方式不同分为切向进料式和轴向进料式两种。锤片式粉碎机安装于室内，应用水泥基座固定。锤片式粉碎机的特点：通用性广，调节粉碎度方便，粉碎质量好，对饲料湿度敏感性小，使用维修方便，生产效率高。

③颗粒饲料机。把粉状饲料按照比例配合，经机器压制形成柱状，经机刀切割成颗粒。颗粒料便于贮藏运输，营养成分全面、均匀，减少浪费。我国颗粒饲料机种类多，一般分成齿轮圆柱孔式、螺旋式、立轴平模式、卧轴环模式。

（10）水源

如果羊场无自来水，应自打水井。为保护水源不受污染，水井应离羊舍100米以上，设在羊场污染源的上风方向，井口应加盖，并高出地平面，周围修建井台和护栏。

7. 羊场有哪些青贮的设施和设备？

主要的青贮设施设备包括青贮塔、青贮窖、青贮壕和青贮袋等。

（1）青贮塔

青贮塔分为全塔式和半塔式两种，全塔式直径为4～6米，高6～16米，容量75～200吨，半塔式埋在地下深度3～3.5米，地上部分高度4～6米，塔身用木材、砖或石块砌成。塔基必须坚实，半塔式地下部分必须用石块砌成。

塔壁有足够的强度，表面光滑，不透水，不透气。塔侧壁开有取料口，塔顶用不透水、不透气的绝缘材料制成，其上有一个可密闭的装料口。这种塔由于出料口较小而深度较大，饲料自重压紧程度大，空气含量少。因此，青贮损失较小，但建筑费用昂贵，在大型羊场中使用较多。

（2）青贮窖

青贮窖分为地下式和半地下式两种。前者适用地下水位低的地区，一般要求窖底应高出地下水位0.5~1米。建造方法是选好窖址，挖成圆形坑，可视其条件改变窖形和大小。要求窖壁光滑、平整、坚实、不透水、上下垂直，窖底呈锅底状。因建造简单，建筑成本低，易推广，适合小规模养殖。缺点是窖中易积水，常引起青贮料霉变，必须注意在其周围设排水沟。

（3）青贮壕

建造与青贮窖相同。近年大型羊场采用地上式青贮墙代替青贮壕，用大型机具操作填压，加盖厚塑料膜，效果好，使用方便。

（4）青贮袋

采用特制塑料袋，使用两层帘子线增大强度、结实性。为贮用方便，袋长度可以灵活剪接。国外有厚0.2毫米，直径2.4米的聚乙烯塑膜圆筒袋。随着塑料制品工艺的进步，目前有多种规格的塑料袋用于养殖场青贮的制备，加上袋式青贮损失少，成本低，适应性强，使用方便，可大范围推广利用。

8. 羊舍温度、湿度和光照应该如何控制?

（1）羊舍的温度控制

①防寒保温。山羊虽然对寒冷有一定的耐受性，但温度过低会影响其生长，尤其在冬季的产羔高峰期，寒冷是影响羔羊成活率的重要因素之一。因此在寒冷地区的羊舍，特别是产羔舍、羔羊舍必须供暖。当羊舍保温不好或过于潮湿、空气污浊时，为保持较高的温度和有效的换气，也必须供暖。

羊舍的供暖包括集中供暖和局部供暖两种形式。集中供暖是由一个集中供暖设备，通过煤、油、煤气、电能等加热水或空气，再通过管道将热介质输送到舍内的湿热器，散热加温羊舍的空气，一般要求分娩舍温度在15~22℃，保育舍温度在20℃左右。常用的供暖设备有锅炉和热风炉。局部供暖由于针对性强，节省了费用开支，是大部分羊场首选的供暖方式，局部供暖有红外线灯、电热保温板、太阳能等，主要用于哺乳羔羊的局部供暖，一般要求达到20~28℃。生产上也可通过适当加大饲养密度，加铺垫草，控制气流、防止贼风等管理措施提高羊舍温度。

②防暑降温。山羊对热应激的敏感性较高，南方或夏季的山羊养殖过程

中，防暑降温非常重要。舍饲养殖时舍内的降温尤为关键，一般可在进风口设置水帘使热空气冷却后进入棚舍内；用自来水冲洗地面，既保持舍内卫生，也可使舍内降温；把屋顶涂白或用麦秸或茅草覆盖屋顶，在棚舍的朝阳面搭凉棚遮阴均可起到降低舍温的效果，也可利用排风扇加快舍内空气流通。在运动场增设凉棚，避免太阳直晒，当出现高温天气，还应适当增加羊在棚内停留时间；在棚舍周围种植高树、草皮和藤蔓植物可营造出凉爽的小气候，起到防暑降温作用。

（2）羊舍的湿度控制

高湿对羊的体热调节、健康和生产力都有不良影响。舍内的湿度主要与粪尿、饮水、潮湿的地面以及羊皮肤和呼吸道的蒸发有关。一般情况下，舍内空气的湿度较舍外大。在通风良好的夏秋季节，舍内外湿度相差不是很大，而在冬季封闭舍通风不良时，舍内空气的湿度要明显大于舍外。在保温隔热不良的羊舍，湿度会随着温度发生较大的变化，控制湿度的主要措施是加强通风换气、地面铺垫干燥物等。

（3）羊舍的光照控制

为了让舍内得到适宜的光照，通常采用自然采光与人工照明相结合的方式来实现光照控制。开放式或半开放式羊舍的墙壁有很大的开露部分，主要靠自然采光；封闭式有窗羊舍也主要靠自然采光。自然采光的效果受羊舍方位、窗户大小、入射角与透光角大小、玻璃清洁度、舍内墙面反光率等多种因素影响。羊舍的方位直接影响羊舍的自然采光及防寒防暑，设计时应周密考虑。

羊场内植树应选用主干高大的落叶乔木，妥善确定种植位置，尽量减少遮光。封闭舍的采光取决于窗户大小，窗户面积越大，进入舍内的光线越多。但从防暑和防寒方面考虑，夏季不应有直射阳光进入舍内，冬季则希望能照射到羊床上，这些要求可以通过合理设计窗户上缘和屋檐的高度来实现。人工照明仅应用于密闭式无窗羊舍。

9. 现代化羊场应如何进行绿化？

羊场的绿化具有美化环境、改善小气候、净化空气、防止尘埃和噪声、防火等功效，对羊场的防疫、防污染也是有利的。

防护林：场区四周及羊场的分区界，多以乔木为主（如白杨、柳树、洋槐等）。为加强冬季防风效果，主风向应多排种植，行距幼林时 1.0～1.5 米，成林 2.5～3.0 米。

路旁绿化：既要夏季遮阴，防止道路被雨水冲刷，也可起防护林的作用。多以种植乔木为主，乔灌木搭配种植效果更佳。

遮阴林：主要种植在运动场周围及房前屋后，但要注意不影响通风采光。

美化林：多以种植花草灌木为主，羊场将种植牧草与花灌木结合进行。

10. 如何科学地处理和利用羊场粪污?

随着舍饲养殖的发展和规模化、工厂化生产的崛起，羊粪也相应地大量增加。如不加以合理处理和利用，任其随意流散，不仅会污染人们生活的环境，也会增加羊场疫病传播风险，危害羊群的健康。随着花卉、食用菌等对畜禽粪便依赖产业的兴起，经过无害化处理后的羊粪也可成为宝贵的资源，这也是提高养羊效益的一个重要手段。在工厂化高效养羊生产体系中，养羊积肥，过腹还田，粪便无害化处理是农牧业有机结合、良性循环、资源化再利用的重要环节，种植业紧密地与养殖业联系在一起，既充分利用了资源，又从根本上治理了污染源，具有重要的经济和生态价值。

（1）粪便还田

为了防止污染和提高肥效，粪便必须先经处理再施用。生产中主要的处理方式是进行堆肥。堆肥的优点是技术和设备简单，施用方便，无臭味；在堆制过程中，由于有机物的好氧降解，堆内温度持续 15～30 天达 50～70℃，可杀死绝大部分病原微生物、寄生虫卵和杂草种子；腐熟的堆肥属迟效料，对作物更安全。在经济发达的地区，多采用堆肥舍、堆肥槽、堆肥塔、堆肥盘等设施进行堆肥。堆积时先比较疏松地堆积一层，待堆温达 60～70℃ 时，保持 3～5天，或待堆温自然稍降后，将粪堆压实，然后再堆积新鲜粪一层，如此层层堆积至 1.5～2 米为止，用泥浆或塑料膜密封。为保证堆肥质量，含水量超过75% 的最好中途翻堆，含水量低于 60% 的应适当泼水。也可以采用制作液体圈肥、复合肥料等方式处理羊场粪污。

（2）制作沼气

沼气是有机物质在厌氧环境中，在一定温度、湿度、酸碱度、碳氮比条件下，通过微生物发酵作用而产生的以甲烷为主要成分的可燃气体。利用羊粪制作的沼气可以用作生产生活所需的能源。

（3）用作其他能源

直接燃烧：含水量在 30% 以下的羊粪只需专门的烧粪炉即可直接燃烧用作能源。

生产发酵热：将羊粪的水分调整到 65% 左右，进行通气堆积发酵，在堆粪中安放金属水管，通过水的吸热作用来回收粪便发酵产生的热量，可用于羊舍取暖保温。

生产煤气：羊粪中的有机物在缺氧高温条件下发生分解，从而产生以一氧化碳为主的可燃性气体，相当于煤气，可作为能源。

第四章　山羊营养需求与饲料

1. 山羊营养需求主要有哪些？

山羊的营养需求是指山羊在生活、生长、繁殖和生产过程中对蛋白质、碳水化合物、矿物质、脂肪、维生素和水 6 种营养物质的需要。这 6 种营养物质，除水以外，都要从饲料里取得，而且这些营养物质在饲料中含量各不相同，功能也不一样，因此只有科学、合理地配制饲料配方，才能充分发挥饲料的作用，获得较大的经济效益。

了解和掌握山羊的营养需求，充分利用各地的饲料资源，科学配制出营养合理而又经济实惠的饲料，不仅可以提高山羊的饲养效率和经济效益，同时对我国山羊养殖从粗放型向集约型转变也有积极的意义。

2. 饲料中的蛋白质有哪些作用？

蛋白质是维持山羊生命、生长和繁殖不可缺少的物质，必须由饲料供给，同时也是山羊体内各组织器官的重要组成部分，其肉、奶、毛绒等的主要成分也是蛋白质。若山羊日粮中（指一昼夜供给的饲料）缺乏蛋白质，不仅影响其健康，而且会导致种用山羊精液、卵子的品质不良，繁殖力差，甚至出现死胎、畸形胎、弱胎，羔羊初生体重下降等各种不利情况。另外，母羊泌乳量减少，羔羊生长发育受阻。所以在日粮中蛋白质含量不能少，泌乳期母羊需要的蛋白质更要多一些。

蛋白质中包含有各种氨基酸，有些氨基酸在羊体内不能合成或合成速度慢，不能满足机体需要，必须由饲料供给，这类氨基酸叫必需氨基酸。山羊瘤胃内微生物具有合成各种氨基酸的能力，所以其对必需氨基酸的要求就不像猪、禽那样严格。饲料中含氮物质总称为粗蛋白质，可具体分为纯蛋白质（真蛋白质）和氨化物。饲料中的氨化物（如尿素）可被山羊利用，具有与纯蛋白质同等的营养价值，故也可统称为蛋白质。

山羊的饲料蛋白质利用率约为 70%，如产 1 千克含蛋白质 3.4% 的奶，需可消化蛋白质为 3.4%×1000÷70%＝49 克，加上 10% 的安全系数，即产 1

千克奶需可消化蛋白质 54 克。由此推算，山羊每产 1 千克奶，需可消化蛋白质为 50～60 克。

3. 饲料中的供能物质主要有哪些?

（1）碳水化合物

碳水化合物在动物体内可供应热能和机械能，以维持体温和各器官的活动，剩余部分可变为脂肪贮存体内，是畜禽饲料中最重要的能量来源。充足的碳水化合物，还可减少蛋白质的分解，有保存和节约蛋白质的作用。一般将碳水化合物分为四类：可溶性糖、淀粉、半纤维素和纤维素。

可溶性糖和淀粉容易被消化和吸收，营养价值高，经消化道酶水解产生葡萄糖，吸收为血糖，在玉米、高粱、红苕、洋芋中含量最多；半纤维素、纤维素与木质素结合在一起构成植物细胞壁，在羊消化道中经微生物酵解为挥发性脂肪酸；而木质素则会影响微生物对半纤维素和纤维素的酵解，降低饲料中其他营养物质的消化率，在农作物秸秆和皮壳中含量最多。

（2）脂肪

脂肪在畜禽体内的主要作用有：一是体内贮存能量的最好形式，可分解为动物体热能。脂肪的产热量比同重量的碳水化合物或蛋白质要高 2 倍以上。二是溶解饲料中的脂溶性维生素 A、D、E、K，促进畜体的吸收利用。豆类和油饼等饲料中脂肪含量较多。山羊（反刍动物）对脂肪的需要量不多，一般的饲料即可满足需要。

4. 山羊生长发育所需的矿物质有哪些?

矿物质种类较多，一般根据在动物体内的比重分为常量元素（0.01% 以上，如钙、磷、钠、氯、钾、硫、镁等）和微量元素（0.01% 以下，如铁、铜、钴、碘、锌、硒、氟等）。其总量仅占家畜体重的 3%～4%，但却是畜体体液、组织中的重要成分，是骨骼、牙齿的主要组成部分，一旦缺乏，就会影响畜体生理功能的正常进行，甚至引起疾病。一般的矿物质在饲料里不易缺乏，但骨粉、食盐等矿物质饲料是山羊不可缺少的饲料。

（1）钙和磷

钙和磷是构成骨骼的重要成分，比例约为 2.2：1，主要以三钙磷酸盐的形式存在。骨骼中的钙占到了体内总钙的 99% 以上，骨骼磷占总磷的 85%。缺乏钙、磷的羔羊其骨骼生长会受影响，甚至产生佝偻病，成年羊则易引起骨质疏松和骨骼变形。所以日粮中要有适量的钙、磷。

可按日粮干物质计算出山羊钙、磷的需要量，如日粮干物质中含 0.24%～

0.45%的钙和0.18%～0.35%的磷，便可满足需要。产乳羊钙、磷的需要量，则根据羊奶中钙、磷的含量和羊对饲料中钙、磷的利用率来计算。一般每产1千克奶（乳脂率4%），需钙2.7克，磷2.0克。

（2）食盐

山羊容易出现钠元素缺乏，因为一般饲料中含钠量不足。缺乏时主要表现为食欲不振，有啃土、舔墙等异嗜现象，泌乳山羊产乳量下降（每产1千克奶，需要钠0.59克）。

生产实践中常用食盐来补充钠和氯，一般按精料量的1%添加食盐，混在精料中喂给或让羊自由舔食。但自由舔食往往会超过需要量，造成浪费，应注意掌握用量。

（3）铜和钴

铜可促进铁进入骨髓，参与造血作用；同时还是形成血红蛋白必需的催化剂，可促进红细胞的形成，提高肝脏的解毒能力，促进骨骼的正常发育。因此缺铜也会引起贫血。在缺铜的地区，部分羊会发生骨质疏松症，羔羊发生佝偻病。这是因为缺铜阻碍了血液中的钙、磷在软骨基质上的沉积。缺铜的地区可以适当补饲硫酸铜，但每千克饲料含铜量应控制在250毫克以下。如超过250毫克时，会发生累积性铜中毒，出现血红蛋白尿，导致组织坏死，严重时可引起死亡。

钴是维生素 B_{12} 的主要组成部分。山羊瘤胃微生物虽然具有合成维生素 B_{12} 的能力，但必须供给钴。山羊缺钴时也表现为贫血，幼畜生长停滞，繁殖失常，生产力下降。一般日粮每千克干物质含钴0.1毫克就能满足山羊的需要。大多数饲料中含有微量的钴，因此可以不必特意添加。

5. 山羊生长发育所需维生素有哪些？

维生素对机体神经调节、组织代谢、能量转化都有重要作用。维生素不足可引起体内营养物质代谢作用的紊乱，特别是维生素 A、B、C、D、K，如严重缺乏，山羊就会患眼病、皮肤病、软骨症等。枯草季节补饲含维生素丰富的青贮饲料、胡萝卜等青绿多汁饲料，可补充机体维生素的不足。

维生素一般划分为两大类：一类为脂溶性维生素，即溶解于脂肪，包括维生素 A、D、E、K 等；另一类为水溶性维生素，即溶解于水，包括维生素 B 族和维生素 C 等。不同维生素缺乏，会引起山羊不同的症状。

（1）维生素 A

维生素 A 的主要作用是维持上皮细胞的正常生长，可由胡萝卜素转化而成。缺乏时可引起眼病、夜盲，甚至失明；母羊则不易受胎，发生流产、胎衣不下或生瞎眼羔羊，甚至发生蹄壳疏松、蹄冠炎等。所以在山羊饲养中，不能忽视维生素 A 的供给。一般成年家畜体内有维生素 A 的贮备，初生幼畜无维生素 A 的贮备，完全依靠母畜供给。因此羔羊哺乳前期，母羊每 100 千克体重每日每头至少需要 4～7 毫克胡萝卜素，哺乳后期至少要 13 毫克。羔羊每 10 千克体重，每日每头需要 1.2～1.5 毫克胡萝卜素。青绿饲料的胡萝卜素含量最多，为满足幼畜对维生素 A 的需要，应及早补给青绿饲料。

（2）维生素 D

维生素 D 与山羊体内钙磷的吸收和代谢有关。缺乏时，也可引起软骨病和佝偻病。动物体内含有的麦角固醇，经过太阳照晒后可转变成维生素 D。因此山羊需经常接受阳光照射，以满足维生素 D 的需求。

（3）维生素 B 族及维生素 C

这类维生素可由反刍家畜瘤胃中微生物合成。除了羔羊瘤胃不发达，微生物尚未大量繁殖，需要注意供给外，成年羊一般不需要补充。

6. 水对山羊机体的作用有哪些？

水是畜体的主要成分，如初生羔羊体内含水量为 73％，营养中等的山羊含水量为 54％。水分在机体的代谢过程中有重要的功用，在畜体内起着运输养料、排泄废物、帮助消化、促进细胞化学作用、调节组织渗透压等作用。由于水的比热大，对动物还具有调节体温的作用。天热时，家畜可以通过出汗散发热量，保持体温的恒定。

家畜饥饿时，可通过消耗体内的脂肪和蛋白质来维持生命。但缺水，如当体内水分损失达 20％以上时，就能引起死亡。缺水比缺饲料更难维持生命，因此山羊不能缺水。一般情况下，饲料中含有的水分不足以满足畜体需要，必须另外补充饮水，最好是自由饮水。山羊的需水量，以饲料干物质估计（不包括代谢水），每食 1 千克饲料，需水 3～4 千克。

7. 山羊的饲养标准主要包括哪些内容？

饲养标准是根据大量饲养试验结果和动物生产实践经验，对动物所需要的各种营养物质的定额做出的规定，这种系统的营养定额及有关资料统称为饲养标准。

（1）母羊饲养标准

育成母羊及空怀母羊、怀孕母羊、哺乳母羊的饲养标准分别见表 4-1、4-2、4-3。

表 4-1　育成母羊及空怀母羊的饲养标准

月龄	体重（千克）	风干饲料（千克）	消化能（兆焦）	粗蛋白质（克）	钙（克）	磷（克）	食盐（克）	胡萝卜素（克）
4~6	25~30	1.2	10.9~13.4	70~90	3.0~4.0	2.0~3.0	5~8	5~8
6~8	30~36	1.3	12.6~14.6	72~95	4.0~5.2	2.8~3.2	6~9	6~8
8~10	36~42	1.4	14.6~16.7	73~95	4.5~5.5	3.0~3.5	7~10	6~8
10~12	37~45	1.5	14.6~17.2	75~100	5.2~6.0	3.2~3.6	8~11	7~9
12~18	42~50	1.6	14.6~17.2	75~95	5.5~6.5	3.2~3.6	8~11	7~9

表 4-2　怀孕母羊的饲养标准

月龄	体重（千克）	风干饲料（千克）	消化能（兆焦）	粗蛋白质（克）	钙（克）	磷（克）	食盐（克）	胡萝卜素（克）
怀孕前期	40	1.6	12.6~15.9	70~80	3.0~4.0	2.0~2.5	8~10	8~10
	50	1.8	14.2~17.6	75~90	3.2~4.5	2.5~3.0	8~10	8~10
	60	2.0	15.9~18.4	80~95	4.0~5.0	3.0~4.0	8~10	8~10
	70	2.2	16.7~19.2	85~100	4.5~5.5	3.8~4.5	8~10	8~10
怀孕后期	40	1.8	15.1~18.8	80~110	6.0~7.0	3.5~4.0	8~10	8~10
	50	2.0	18.4~21.3	90~120	7.0~8.0	4.0~4.5	8~10	8~10
	60	2.2	20.1~21.8	95~130	8.0~9.0	4.0~5.0	9~12	10~12
	70	2.4	21.8~23.4	100~140	8.5~9.5	4.5~5.5	9~12	10~12

表 4-3　哺乳母羊的饲养标准

哺乳量	体重（千克）	风干饲料（千克）	消化能（兆焦）	粗蛋白质（克）	钙（克）	磷（克）	食盐（克）	胡萝卜素（克）
单羔和保证羔羊日增重200~250克	40	2.0	18.0~23.4	100~150	7.0~8.0	4.0~5.0	10~12	6~8
	50	2.2	19.2~24.7	110~190	7.5~8.5	4.5~5.5	12~14	8~10
	60	2.4	23.4~25.9	120~200	8.0~9.0	4.6~5.6	13~15	8~12
	70	2.6	24.3~27.2	120~200	8.5~9.5	4.8~5.8	13~15	9~15
双羔和保证羔羊日增重300~400克	40	2.8	21.8~28.5	150~200	8.0~10.0	5.5~6.5	13~15	8~12
	50	3.0	23.4~29.7	180~220	9.0~11.0	6.0~6.5	14~16	8~12
	60	3.0	24.7~31.0	190~230	9.5~11.5	6.0~7.0	15~17	10~13
	70	3.2	25.9~33.5	200~240	10.0~12.0	6.2~7.5	15~17	12~15

（2）公羊饲养标准

种公羊、育成公羊的饲养标准分别见表4-4、4-5。

表4-4 种公羊的饲养标准

配种量	体重 （千克）	风干饲料 （千克）	消化能 （兆焦）	粗蛋白质 （克）	钙 （克）	磷 （克）	食盐 （克）	胡萝卜素 （克）
非配种期	70	1.8～2.1	16.7～20.5	110～140	5～6	2.5～3.0	10～15	15～20
	80	1.9～2.2	18.0～21.8	120～150	6～7	3.0～4.0	10～15	15～20
	90	2.0～2.4	19.2～23.0	130～160	7～8	4.0～5.0	10～15	15～20
	100	2.1～2.5	20.5～25.1	140～170	8～9	5.0～6.0	10～15	15～20
每天配种 2～3次	70	2.2～2.6	23.0～27.2	190～240	9～10	7.0～7.5	15～20	20～30
	80	2.3～2.7	24.3～29.3	200～250	9～11	7.5～8.0	15～20	20～30
	90	2.4～2.8	25.9～31.0	210～260	10～12	8.0～9.0	15～20	20～30
	100	2.5～3.0	26.8～31.8	220～270	11～13	8.5～9.5	15～20	20～30
每天配种 3～4次	70	2.4～2.8	25.9～31.0	260～370	13～14	9～10	15～20	30～40
	80	2.6～3.0	28.5～33.5	280～380	14～15	10～11	15～20	30～40
	90	2.7～3.1	29.7～34.7	290～390	15～16	11～12	15～20	30～40
	100	2.8～3.2	31.0～36.0	310～400	16～17	12～13	15～20	30～40

表4-5 育成公羊的饲养标准

月龄	体重 （千克）	风干饲料 （千克）	消化能 （兆焦）	粗蛋白质 （克）	钙 （克）	磷 （克）	食盐 （克）	胡萝卜素 （克）
4～6	30～40	1.4	14.6～16.7	90～100	4.0～5.0	2.5～3.8	6～12	5～10
6～8	37～42	1.6	16.7～18.8	95～115	5.0～6.3	3.0～4.0	6～12	5～10
8～10	42～48	1.8	16.7～20.9	100～125	5.5～6.5	3.5～4.3	6～12	5～10
10～12	46～53	2.0	20.1～23.0	110～135	6.0～7.0	4.0～4.5	6～12	5～10
12～18	53～70	2.2	20.1～23.4	120～140	6.5～7.2	4.5～5.0	6～12	5～10

（3）育肥羊饲养标准

育成羔羊、成年育肥羊的饲养标准分别见表4-6、4-7。

表 4-6　育成羔羊的饲养标准

月龄	体重（千克）	风干饲料（千克）	消化能（兆焦）	粗蛋白质（克）	钙（克）	磷（克）	食盐（克）	胡萝卜素（克）
3	25	1.2	10.5～14.6	80～100	1.5～2	0.6～1	3～5	2～4
4	30	1.4	14.6～16.7	90～150	2～3	1～2	4～8	3～5
5	40	1.7	16.7～18.8	90～140	3～4	2～3	5～9	4～8
6	45	1.8	18.8～20.9	90～130	4～5	3～4	6～9	5～8

表 4-7　成年羊育肥的饲养标准

体重（千克）	风干饲料（千克）	消化能（兆焦）	粗蛋白质（克）	钙（克）	磷（克）	食盐（克）	胡萝卜素（克）
40	1.5	15.9～19.2	90～100	3～4	2.0～2.5	5～10	5～10
50	1.8	16.7～23.0	100～120	4～5	2.5～3.0	5～10	5～10
60	2.0	20.9～27.2	110～130	5～6	2.8～3.5	5～10	5～10
70	2.2	23.0～29.3	120～140	6～7	3.0～4.0	5～10	5～10
80	2.4	27.2～33.5	130～160	7～8	3.5～4.5	5～10	5～10

8. 如何给山羊配合日粮？

日粮是指每只山羊每天所采食的饲料。科学配制日粮是山羊生产过程中的一个关键环节。尽管山羊日粮配制可依饲养标准而定，但由于养羊生产的特点，造成一些不易控制的因素，因此配合饲料很难完全符合山羊的营养需要。所以在生产上将日粮标准应用于主要生产环节（如配种期、妊娠后期、哺乳早期、羔羊育肥期等），力求合理饲养。另外还应该针对各种不同影响因素，运用可以控制的日粮部分控制实际饲喂效果。

9. 山羊日粮配合包含哪些原则？

结合我国目前的山羊生产模式，日粮配合可采用如下原则。

（1）营养性原则

配合日粮时，应以山羊的饲养标准为依据，并结合不同生产条件下山羊的生长情况与生产性能状况灵活应用。若发现日粮中的营养水平偏低或偏高，要及时调整，既要满足山羊所需的营养又不至于浪费。同时，应注意饲料的多样化，尽可能将多种饲料合理搭配使用，以充分发挥各种饲料的营养互补作用，平衡各营养素之间的比例，保证日粮的全价性，提高日粮中营养物质的利用效率。不论是粗料还是精料，切忌品种单一，尤其是精料。山羊的日粮应以青饲料、干粗饲料、青贮饲料、精料及各种补充饲料等加以合理搭配使用，配合的饲料既要有一定的容积，山羊吃后具有饱腹感，又要保证有适宜的养分浓度，使山羊每天采食的饲料能满足其所需的营养。

（2）经济性原则

山羊是反刍动物，可大量使用青粗饲料，尤其是可以将农作物秸秆处理后进行饲喂。因此，配合日粮时应以青粗饲料为主，再补充精料等其他饲料，尽量做到就地取材，充分、合理地利用当地来源广泛、营养丰富、价格低廉的牧草、农作物秸秆和农副加工产品等饲料资源，以降低生产成本。

①充分利用青粗饲料。青粗饲料种类多，来源广，生产上应该把青粗饲料作为山羊日粮的主要饲料。青饲料包括野青草、青牧草、青割饲草、青树叶、嫩树枝、水生饲草料、青贮饲料和鲜蔬菜等，其主要特点是含水多，一般在70%以上。这些青饲料含有较多的粗蛋白质，含有丰富的维生素和矿物质，适口性好，消化率高，对山羊的健康有良好的作用，是山羊喜吃的饲料。

粗饲料主要指成熟后的农作物秸秆、秕壳、老树叶和老野草等，主要特点是含粗纤维多，一般在 20%～30%，虽然猪、鸡等单胃动物难于消化，营养价值不大，但是对山羊来说，利用率很高。因为山羊能通过瘤胃里的微生物把粗纤维转化成可以消化吸收的成分，所以应当把粗饲料作为山羊的基础饲料。它不仅能供给山羊营养，还能够使其吃后具有饱腹感。不过粗饲料在日粮中的比重不宜过大，以不超过 30% 为好，否则山羊采食量和日增重会逐渐降低。在冬季青饲料缺乏时，为使山羊长年不断青，除采用青贮饲料饲喂外，有条件的还可用大麦、小麦、玉米等谷物籽实制作饲料喂山羊。

②合理搭配其他饲料。除了充分利用青粗饲料外，还可利用洋姜、萝卜、瓜类等多汁饲料喂山羊，因其汁多、适口、易消化，是怀孕、哺乳母羊，特别是羔羊的优良饲料。精饲料体积小，纤维少，营养丰富，消化率高，主要有两类：一类如黄豆、豌豆、玉米、大麦等籽实饲料，另一类如糠麸、粉渣、豆腐渣、菜籽饼等加工副产品。

在青粗饲料营养满足不了需要时，特别是在舍饲或怀孕后期、哺乳期的母羊以及配种期的公羊，精饲料是良好的补充饲料，同时还要经常补充食盐、碳酸钙、磷酸钙、贝壳粉、石灰石、蛋壳粉、骨粉等矿物质饲料。因食盐含氯和钠，山羊吃后能增进食欲，促进血液循环和消化、增膘，每天应该饲喂一定的食盐，用量为成年羊每天 10 克左右，青年羊 5～7 克，羔羊 5 克以下，但如喂量过多，也会导致山羊中毒，甚至死亡。

③补充特殊饲料——尿素。尿素是含氮量约45％的优质化肥，也是山羊很好的特殊补充饲料。饲喂尿素成本低、效果显著，可促进山羊的生长，当山羊采食尿素后，瘤胃内的微生物能将尿素分解出来的氨合成菌体蛋白质。饲喂量为山羊体重的0.02％～0.03％，即每10千克体重可喂尿素2～3克。虽然尿素对山羊有效，也只能解决日粮中蛋白质的不足，而不能代替日粮中全部蛋白质。因此，其他饲料不能少。

尿素的饲喂法：用少量温水溶解尿素，将其拌在切短的饲料里，随拌随喂。用尿素饲喂山羊，如果使用不当也会起反作用，甚至会造成中毒死亡，因此饲喂时应特别注意以下几点：羔羊的瘤胃发育不全，不能饲喂尿素；青年羊可以少喂，特别是体弱的羊应少喂或不喂。喂羊要严格按规定用量，开始喂量约等于规定用量的10％，逐渐增加，10～15天才可增加到规定用量，切记不可超过用量，以免中毒。尿素吸湿性大，既不能单独饲喂，又不能放在水里饮用。即使拌在饲料混喂后60分钟内也不能饮水，否则容易引起中毒。喂尿素过程不要间断，若间断后再喂，必须重新从小用量开始饲喂，再循序渐进。若中毒应立即进行抢救，中毒的表现是在食后15～40分钟出现颤抖、动作紊乱，可用50～100克食醋兑水3～5倍给羊灌服，调整瘤胃的酸碱度，阻止尿素在瘤胃内分解为氨，以减轻中毒症状。

（3）适口性原则

饲料的适口性与山羊的采食量有直接关系。日粮适口性好，可增进山羊的食欲，提高采食量；反之，日粮适口性不好，山羊食欲不振，采食量下降，不利于山羊的生长，达不到应有的增重效果。因此，在一些适口性较差的饲料中加入调味剂，可使适口性得到改善，增进山羊食欲。

（4）安全性原则

随着无公害食品和绿色食品产业的兴起，消费者对肉类食品的要求越来越高，希望能购买到安全、无公害、绿色的肉食品。因此，配合日粮时，必须保证饲料的安全可靠。选用的原料应质地良好，保证无毒、无害、无霉变、无污染。在日粮中尽量不添加抗生素类等药物性添加剂。养羊场应树立食品安全意识，对国家有关部门明令禁用的某些兽药及添加剂坚决不予使用。

10. 日粮配合的方法和操作流程是什么？

（1）日粮配合的方法主要有电脑配制法和方形对角线法

电脑配制法：是指利用线性规划的原理，借助计算机，考虑多种可变因素（如原料种类）和限制因素（包括营养和非营养限制因素），配制出最低成本的日粮配方。

方形对角线法：主要适合于计算蛋白质饲料的配合，不便配制饲料种类较多的日粮。

（2）日粮配合操作流程

根据山羊的性别、年龄、体重和预期增重，查出相关的营养需要。

根据当地资源，确定所用饲料的种类，并查出营养成分和价格。

根据山羊体重和日增重，确定采食量、精粗料比例。

应用日粮配合方法设计各种饲料的大致用量，确定采食量、精粗料比例。

比较设计配方提供的各种养分与营养需要，根据实际生产进一步调整配方，到满足需要为止。

第五章 优质饲草栽培及加工调制技术

1. 禾本科牧草有哪些特性?

禾本科牧草简称禾草,是牧草的一个主要类群,资源丰富。禾本科牧草生境极为广泛,有相当强的生态适应性,尤其在抗寒及抗病虫害的能力上,远比豆科及其他牧草强,再生能力也强。南方常见栽培的禾本科牧草主要有冰草属、鸭茅属、披碱草属、黑麦草属、雀稗属、早熟禾属、狗尾草属、高粱属、羊茅属、狼尾草属等。

(1)生物学特征特性

禾本科牧草按分蘖类型分为根茎型、疏丛型、密丛型、根茎和匍匐茎型等;按株丛类型有上繁草、下繁草和莲座状草之分。上繁草的株高在 50～100 厘米,株丛多由生殖枝和长营养枝组成,叶子和枝条多分布在株体 1/3 以上部位,株型呈倒锥形;下繁草的株高不超过 50 厘米,生殖枝和长营养枝不多,株丛组成以短营养枝为主,叶子和枝条多集中于株体下部,适于放牧利用。

按播种季节可分为暖季型、冷季型和过渡带型牧草。冷季型牧草在我国南方地区的播种季节一般为 9～11 月,最适生长温度在 15～24℃,能适应冬季的低温,在冬季不会停止生长,但在炎夏出现休眠现象。暖季型的播种季节为 3～5 月,最适生长温度为 27～32℃,主要分布在我国长江以南地区,能适应夏季的高温,但耐低温能力差,在南方冬季最低温时出现休眠,而在北方冬季却不能自然越冬。过渡带型牧草分布于黄河以南、长江以北地区,对温度的适应范围比较广,包括了冷季型牧草中耐热性强的种类和暖季型牧草中耐寒性强的种类,常见的过渡带牧草有多年生黑麦草、苇状羊茅、苏丹草等。

(2)饲用价值

禾本科牧草的饲用价值大多数都很高,干物质中平均粗蛋白质为 10.4%,粗脂肪为 2.9%,无氮浸出物为 47.8%,粗纤维为 31.2%,粗灰分为 7.7%。其利用方法很多,可以放牧、青饲、青贮、制作干草、加工草粉等。禾本科牧草糖分含量较高,易于调制青贮料。

表 5-1　常见禾本科草类干物质营养分析

牧草名称	生育期	粗蛋白质（%）	粗脂肪（%）	有机物质消化率（%）	消化能（兆焦/千克）	代谢能（兆焦/千克）
冰草	抽穗	16.12	3.14	63.93	11.17	8.92
黑麦草		10.42	2.53	52.01	8.749	6.79
臂形草	分蘖期	9.38	1.66	65.72		
紫羊茅	结实期	6.05	1.45	50.67	8.31	1.98
玉米青贮		7.22	2.51	52.36	8.81	7.04
狼尾草	生长期	10.92	3.47	50.74		

2. 禾本科牧草栽培管理技术要点有哪些？

（1）选地、整地及施基肥

大部分禾本科牧草对土壤要求不严格，但在土层深厚、肥沃、向阳、排灌方便的冬闲田、池塘周围以及沟渠边水肥条件好的地块种植，能获得更高的产量。要求选好地块后，精耕细作，深耕翻土，除尽杂草，做到土细地平，结合整地施足腐熟的农家肥或沼肥，一般每亩使用农家肥 1500～2000 千克。

（2）选择适宜的品种

①根据气候选品种。寒冷地区，可选择耐寒的黑麦草、无芒雀麦等。炎热地区可种植狼尾草、甜高粱、苏丹草、青贮玉米等。

②根据土壤选品种。碱性土壤可选耐碱的黑麦草、苏丹草、羊草、无芒雀麦、披碱草等；酸性土壤宜选耐酸的扁穗牛鞭草等；贫瘠土壤可选种无芒雀麦、披碱草等。

③根据用途选品种。以收获青绿饲料为目的，应选择一二年生、初期生长良好、短期收获量高且对肥效较敏感的品种，如黑麦草、狼尾草。若用于放牧，应在考虑丰产的同时优先考虑再生能力强、密度大的品种，如多年生黑麦草、宽叶雀稗等。

④根据适口性选品种。鸭茅、苇状羊茅、杂交狼尾草、苏丹草、皇竹草、饲用玉米、黑麦草等茎叶脆嫩多汁，味甜，适口性好，适宜青贮或调制干草。

（3）播种

①播种季节。在我国南方地区秋播的牧草品种应在 9～11 月进行，春播的牧草品种应在 3～5 月播种。

②播种方式。根据种子在田间的平面分布特征，播种方式分为点播、条播

和撒播。

点播：也称穴播，穴距一般为 30 厘米×50 厘米。此方式节省种子，田间管理方便，利于株型较大的饲料作物和灌木的生长，如甜高粱、青贮玉米等，优点是便于地块不够平整时播种；缺点是在没有点播机的情形下，播种较为费工。

条播：行间距一般为 35～50 厘米，但也可根据特殊情况酌情加大或减少。通常以营养体生产为目的时行距为 15～30 厘米，以种子生产为目的时为 35～50 厘米。株型较大的饲料作物和灌木行距宜适当加宽，通常为 50～60 厘米。此方法的优点是田间管理较为方便，且因条播机比较普及而易于施行。

撒播：是不开穴、不开沟、无行距、无株距的播种。天然草地补播改良、果园草地、水土保持草地及放牧草地常采用此方式播种。缺点是田间管理不便，并要求雨量充沛或具有灌溉条件，干旱时不宜采用。

（4）田间管理

①追肥。禾本科牧草对氮肥反应敏感，施用氮肥能大大提高其产量和质量，在施足基肥的前提下，出苗后在 3 叶期和分蘖期各追施 1 次氮肥，每次追施尿素或复合肥 8～10 千克/亩，也可单独使用沼液或人畜粪水浇于草地，达到提苗壮苗的目的，以后每次刈割后每亩追施 10～15 千克尿素或复合肥，促进再生，刈割后的追肥掌握在割后 3～5 天进行。每年秋季应施一定量的磷、钾肥作为维持肥料，以增强其抗病、抗旱、抗寒能力。第二年春季返青后，每亩追施 1 次速效氮肥 10 千克，促进分蘖生长。

②水分管理。禾本科牧草在生长期内对水分的需求量较大，在干旱季节或干旱地区应保证必要的灌溉，否则生长不良，草产量降低。雨水较多的季节应注意排水，否则土壤水分过多，通气不良，影响根系的生长，导致烂根死亡。因此在雨水多的季节，一定要注意开排水沟。

③病虫害防治。禾本科牧草生长期内还要注意病虫害防治，主要病害为锈病，可用敌锈钠、粉锈灵等杀菌剂防治。

④刈割利用。禾本科牧草的收割利用应根据牧草生育期间的营养变化，以及有利于再生等综合因素来确定，拔节至孕穗以前，叶多茎少，粗纤维含量低，蛋白质含量丰富，到生育后期，蛋白质含量显著下降，茎的比例增加，粗纤维素含量增多，消化率降低。一年生禾本科牧草的刈割期，如苏丹草，用于青饲或调制干草时，最好在孕穗初期刈割；用于青贮时，可在开花至乳熟期刈割。

⑤人工除草。在草地面积小的情况下，可采用人工除草，在牧草生长早期，即分蘖或分枝以前，因杂草小，实行浅锄；在牧草分蘖或分枝盛期，杂草根系入土较深，应当深锄。

3. 豆科牧草有哪些特性?

豆科牧草是除禾本科牧草外的另一个牧草主要类群。豆科牧草能通过共生细菌固定土壤中的氮,又因其根系入土较深,能吸收土壤深层的磷、钙,增加土壤有机质,对土壤结构的改良和土壤肥力的提高具有重要作用。豆科牧草蛋白质含量高,适口性好。我国南方主要豆科牧草有苜蓿属、三叶草属、草木樨属、红豆草属、紫云英属等,其中紫花苜蓿和白三叶草是最优良的牧草。

(1)生物学特性

豆科植物属轴根型,耐旱性强,少有须根系,根部有根瘤,与根瘤菌联合固定空气中游离的氮,提高土壤肥力以改良土壤,有些豆科牧草还是优秀的绿肥。

豆科牧草按播种季节可分为冷季型、暖季型和过渡带型牧草。暖季型牧草的播种季节一般在3~5月,最适生长温度为27~32℃,其特点是能适应夏季的高温,但耐低温能力差,在南方冬季最低温时出现休眠,常见的牧草有豇豆属、三叶草属、花生属、大豆属、柱花草属、大翼豆属等。冷季型牧草的播种季节在9~11月,最适生长温度为15~24℃,常见的牧草有苜蓿属、胡枝子属、沙打旺、野豌豆等。过渡带型牧草分布于黄河以南、长江以北地区,对温度的适应范围比较广,包括了冷季型牧草中耐热性强的种类和暖季型牧草中耐寒性强的种类,常见的有苜蓿、白三叶草等。

(2)饲用价值

豆科牧草及其籽实含有丰富的蛋白质,在开花初期粗蛋白含量13%以上,多数在20%左右,高的可达25%,因而被称为蛋白饲料;同时纤维含量少,富含钙,鲜草中含有较丰富的维生素,消化率高、质地优良、适口性好,草食家畜可达喜食或最喜食程度,属牧草之首。

表5-2 常见豆科草类干物质营养分析

牧草名称	生育期	粗蛋白质(%)	粗脂肪(%)	有机物质消化率(%)	消化能(兆焦/千克)	代谢能(兆焦/千克)
沙打旺	初花期	13	2.61	63.46	10.94	8.88
紫云英		21.6	3.87	72.75	13	10.49
红三叶	盛花期	17.71	2.3	65.70	11.4	9.05
白三叶	蜡熟期	30.5	3.2	74.61	13.5	10.33
胡枝子	叶	18.18	5.27	53.30	9.48	7.09
苜蓿	初花期	18.15	2.12	67.38		

通过草食动物放牧试验和饲喂储备饲草证明，豆科牧草比禾本科牧草具有最优饲喂品质，这是因为其消化较快，采食量较大，对养分利用效率较高，另外，部分豆科牧草中特殊养分的含量较高。

4. 豆科牧草栽培管理技术要点有哪些?

（1）土地准备

①对土壤的要求。豆科牧草对土壤要求不严，除重黏土、低湿地、强酸强碱外，从粗沙土到黏土皆能生长，而以排水良好、土层深厚、富于钙质土上生长最好，略能耐碱，不耐酸，以土壤 pH6.5～7.5 为宜。地下水位不宜过高，生长期间最忌积水，连续淹水 24～48 小时即大量死亡。

②土地整理。播种前精细整地，要求地面平整，土块细碎，无杂草，墒情好。秋季深耕，并尽可能平整细碎，翻耕前大量施入基肥，整地中除尽土壤中的碎石、杂草及病菌虫害。

（2）播种

根据不同的牧草类型选择合适的播种时间。暖季型牧草的播种季节一般在 3～5 月，最适生长温度为 27～32℃。冷季型牧草的播种季节在 9～11 月，最适生长温度为 15～24℃。豆科牧草单播时的播种量为 15.0～22.5 千克/公顷，播种深度 2～3 厘米，行距 25～30 厘米。与禾本科牧草混播时可适当加大播种量。

（3）田间管理

播种后、出苗前，如遇雨土壤板结，要及时除板结层，以利出苗。多年生的冷季型豆科牧草，每年春季返青前清理田间留茬，并进行耕地保墒，秋季最后一次刈割，要松土追肥。每次刈割后也要耙地追肥，灌区结合灌水追肥，入冬时要灌足冬水。坚持"以防为主，防治结合"的病虫害的防治原则，一旦发现病虫害苗头，即行刈割喂畜禽或进行病虫害防治。

（4）利用技术

以利用鲜草为主的豆科牧草，刈割留茬高度为 5 厘米，但干旱和寒冷地区秋季最后一次刈割留茬高度应为 7～8 厘米，对越冬和春季萌生有良好的作用。以利用干草或青贮为主的豆科牧草要适时刈割。

5. 饲料作物的特性有哪些?

饲料作物从生长特性上可分为禾谷类饲料，豆类饲料，块根、块茎及瓜类饲料，叶菜类饲料作物等。其中禾谷类饲料包括玉米、高粱、黑麦、大麦等；豆类饲料包括大豆、豌豆和绿豆等；块根、块茎及瓜类饲料包括甘薯、木薯、胡萝卜、南瓜等；叶菜类饲料包括苦荬菜、串叶松香草等。

豆类饲料作物蛋白质含量丰富，由于其都是植物体的营养器官，其中所含的氨基酸组成也优于禾本科籽实，尤其是赖氨酸、色氨酸等含量更高；饲料作物富含多种维生素，特别是胡萝卜素；柔软多汁，纤维素含量较低，适口性好，含有各种矿物质，其种类和含量因植物品种、土壤条件、施肥情况等不同而异。

6. 饲料作物的栽培模式主要有哪些?

（1）旱地牧草饲料作物轮作模式

①一年生禾本科牧草饲料作物轮作。这种模式是利用秋播和春播品种，茬口衔接紧凑，供青期具有的互补性进行轮作，可以一年四季不断青。如黑麦草（秋种）与墨西哥玉米、杂交狼尾草（春种）进行轮作；春玉米（春种）与秋玉米（秋种）进行轮作等。这种模式种植年限长，对地力消耗大，特别是以禾本科牧草为主的轮作，因此必须重施农家肥，并实行牧草种2～3年，改种其他作物2～3年，做到用地与养地相结合。

②一年生豆科牧草和禾本科牧草饲料轮作。这个轮作模式除考虑茬口的衔接和供青期的互补外，还充分利用了豆科牧草根瘤作用，固定土壤中的氮素及增加土壤肥力，豆科牧草既可作青饲料，又是很好的绿肥，可起到养地的作用。如紫花苜蓿（秋冬播）与杂交狼尾草（春播）进行轮作；黑麦草（秋播）与圆叶决明、紫花苜蓿（春播）进行轮作。适合秋、冬播种的豆科牧草有蚕豆、豌豆等，禾本科牧草有宽叶雀稗、鸭茅等；适宜春播的禾本科牧草有杂交狼尾草、苏丹草、饲用玉米等，豆科牧草饲料有印度豇豆、三叶草等。

③一年生豆科牧草与禾本科牧草饲料间作（混播）。该模式是利用播种期相同，供青期也基本相同的禾本科和豆科牧草饲料，采取间作或混播的方式同时播种在同一地块上的种植方式。其优点是两类牧草饲料对光、热、水、肥的要求不同，能相互促进生长、提高单位面积产量和牧草的品质，给山羊提供营养较全面的青饲料。

④一年生牧草饲料作物套种。这种模式是在头茬作物还未成熟时或还在供青期时，为了不误二茬牧草饲料的播种期，在头茬作物的行间套种二茬作物。头茬牧草饲料作物的行距统筹考虑，既要适合其生长需要，也要考虑到二茬作物的生长需要。因此，头茬作物在播种时行距可适当放宽，特别是分蘖多、叶量大、易封行的牧草饲料作物的行距。

⑤一年生牧草与多年生牧草饲料作物套种。多年生牧草饲料作物一般每年都有一个停止生长的休闲恢复期，如冬季杂交狼尾草，地上部分刈割后宿根越

冬，直到翌年 3 月份萌发，其休闲期长达 4 个月。为了充分利用土地，可在其行间套种一年生牧草生产青饲料，弥补淡季青饲料的不足。

⑥多年生牧草饲料作物间作、套种。该模式是利用播期、供青期相同的多年生豆科牧草与多年生禾本科牧草进行间作，或者播期、供青期相同的多年生豆科牧草与多年生禾本科牧草进行套种，以达到提高饲草质量，调节土壤肥力，增加牧草产量的目的。

（2）草粮轮作模式

①早稻—晚稻—黑麦草轮作。该模式即利用冬闲田种草，实行水稻—黑麦草轮作，变传统的"早稻—晚稻"两熟制为"早稻—晚稻—黑麦草"三熟制。晚稻或一季晚稻收割后立即翻耕整地，按一定幅宽起畦，播种黑麦草，也可在晚稻收割前 10～15 天，将浸过 5～8 小时、晾干后的黑麦草种子直接播入稻田，或和紫云英混播。黑麦草喜湿润但又怕淹，因此稻田必须开好排水沟。翌年春播前 7～10 天收获最后一茬青饲料，即灌水浸田，同时每亩撒施 75 千克石灰，促使黑麦草根系迅速腐烂，以利耕作。

②紫花苜蓿—水稻轮作。一年生谷类作物、中耕作物或根菜类作物后茬均适用于播种紫花苜蓿。一般轮作种紫花苜蓿的年限为 2～4 年，栽培年限过长不仅产量低，而且根系庞大，翻耕困难，播种紫花苜蓿后土地肥沃，富氮质。白三叶—棉花轮作或紫花苜蓿—水稻轮作模式，这种模式是粮食或经济作物与牧草实行有计划的轮作倒茬，可根据生产需要、土壤状况、劳力等情况灵活运用，因地制宜安排好粮食、经济作物和牧草生产。

③饲料作物—粮食作物—经济作物轮作。该模式是将牧草饲料引入农田变"粮食作物—经济作物"二元结构为"饲料作物—粮食作物—经济作物"三元种植方式，通过引进新品种提高粮食和经济作物的产量，同时通过种草、冬闲田的利用，为畜牧业提供大量优质的饲草饲料。

④幼龄果园牧草种植模式。幼龄果园裸露地面大，容易滋生杂草、管理费工费时。坡地幼龄果园水土流失严重，种植牧草可以增加地面覆盖，减少地面径流，改善果园小气候环境，减少杂草、节约除草用工，种草养畜、增加收入。牧草还可培肥地力，改善土壤，有利果树生长。可选择耐阴的豆科牧草或禾本科牧草。

果园套种白三叶或紫花苜蓿：由于白三叶和紫花苜蓿为温带草种，所以这种模式要求果园土壤较肥沃，坡度平缓，最好有灌溉条件。

果园间作或轮作黑麦草、印度豇豆、大翼豆：该模式主要是在果树行间利用黑麦草与印度豇豆、大翼豆等一年生豆科牧草饲料轮作，适合坡度平缓、不易造成水土流失的果园种植。

果园套种百喜草、宽叶雀稗：因百喜草、宽叶雀稗耐旱、耐瘠且为多年生，适合在坡度较大、土壤瘠薄、易发生水土流失的果园种植。

7. 影响牧草品质的因素有哪些?

影响牧草品质的因素有刈割期、刈割高度和留茬高度、刈割次数等。

（1）刈割期

刈割期是主要影响因素之一，青饲牧草的品质随刈割期不同而异。刈割过早时，植株含水多、矿物质少，蛋白质含量高，而粗纤维含量较低，其营养价值也高，但产量低。因此，最适刈割期，既要考虑产草量，又要考虑可消化营养物质的含量。如杂交狼尾草、甜高粱、苏丹草等饲喂羊时，一般在株高120厘米左右刈割就行。

（2）刈割高度和留茬高度

确定牧草适宜的刈割高度和留茬高度，是确保牧草生长性能和再生性能的要素之一。饲喂不同品种的动物，牧草刈割高度不同，另外，不同牧草的刈割高度和留茬高度不一致，牧草的不同生育期刈割高度和留茬高度也不一致。从分蘖节、根颈处再生形成的再生牧草，如黑麦草、紫花苜蓿，刈割留茬可低些，一般为5~6厘米。

（3）刈割次数

牧草在一年中刈割次数是根据牧草的生产性能、土壤条件、气候条件和对牧草的管理水平而定，总的来说，管理良好、牧草生长快时增加刈割次数。另外，在刈割次数的安排上还可采用分区刈割的办法，即根据羊的品种、头数、年龄等计算出日需要量，再根据产草量把牧草地划分成若干小区，轮流刈割，做到以羊定草、随割随喂。

8. 如何确定不同草地类型及不同牧草种类的收割期?

（1）人工栽培牧草的收割期

①豆科牧草的最适收割期。应根据豆科牧草具体生长情况，适时收割，以达到生物产量和营养价值的最大值。豆科牧草细嫩时蛋白质含量较高，在现蕾期粗蛋白收获量较高，而后期逐渐减少，粗纤维含量逐渐增加。

②禾本科牧草的最适收割期。根据禾本科牧草生育期间的营养变化，以及有利于再生等综合因素来确定适宜的收割期。多年生禾本科牧草的营养物质变化是粗蛋白、粗灰分的含量在抽穗期较高，开花期开始下降，成熟期为最低；粗纤维、无氮浸出物的含量从抽穗至成熟逐渐增加，粗脂肪的含量在整个生育期内变化幅度不大。一年生禾本科牧草的刈割期，用于青饲或调制干草时，最

好在孕穗初期刈割；用于青贮时，可在开花至乳熟期刈割。

（2）饲料作物的收割期

禾本科一年生饲料作物，多为一次性收获，一般根据当年的营养动态和产量两个因素来确定合适的收割期。如青饲玉米的适宜收割期在抽穗期前后。专用青贮玉米即带穗全株青贮玉米，最适宜收割期应是在乳熟末期至蜡熟中期。籽粒做粮食或精饲料，秸秆做青贮原料的兼用玉米，多选用在籽粒成熟时其茎秆和叶片大部分仍然呈绿色的玉米品种，在蜡熟末期采摘果穗后，及时抢收茎秆进行青贮或青饲。

9. 牧草青饲过程中应注意哪些问题？

牧草青饲过程中应掌握好牧草的适宜刈割期，在细嫩时其蛋白质、矿物质、维生素含量较高，粗纤维较少，易被消化。

禾本科、豆科牧草多样搭配，既可调节适口性、增加采食量，又可起到营养互补作用，提高利用率。

青饲宜鲜喂，不宜煮熟喂。蒸煮会破坏青饲料中的维生素等养分，如调制不当还会发生亚硝酸盐中毒。宜切碎、打浆后饲喂。

青饲要保持新鲜和清洁，防止发生霉烂变质饲料，特别是严防使用刚喷过农药的牧草饲喂羊只。

10. 如何进行放牧鲜喂？

放牧羊只可以从草地获得各种营养物质，不仅节约舍饲所需的劳动和物资成本，而且对放牧羊只的健康有重要的作用，减少疾病的发生和传播。

（1）放牧时期的确定

正确的放牧时期就是在放牧期内羊只对草地牧草的危害最小，而收益最大的时期。试验证明，早春和晚秋放牧对草地危害极大。放牧过迟，牧草变得粗老，适口性、消化率降低，草地再生性差。一般以禾本科为主的草地，放牧开始不迟于拔节期；放牧停止过早，牧草成熟度加大，影响冬季利用效果；停止过迟，多年生牧草无时间进行营养贮备，影响春季返青和产草量。因此，在生长季结束前 30 天停止放牧最为适宜。

（2）放牧次数及牧草的采食高度

①放牧次数。草地重复放牧的次数因牧草种类、土壤营养状况和气候、水热条件而不同。春季牧草生长迅速，早期放牧之后，可以恢复良好的再生草层。当禾本科牧草超过抽穗阶段，消化率很快降低 20%～30%，放牧再生率也很低。多年生牧草只有在早期放牧，才有良好的再生草。草地植被的组成不

同，恢复再生草的速度也有差异，春季第一次放牧的时间，不要连续放牧 30 天以上；第一次放牧之后，一般隔 20～25 天，草层恢复之后，可以再次放牧；第二次以后的放牧，需要间隔较长的时间。

②牧草的采食留茬高度。放牧采食留茬高度对牧草的再生、草地群落结构和家畜生产都有影响。牧草留茬过低，如低于 3 厘米，牧草再生要消耗大量储藏物质，产草量下降；采食过高，留茬 10 厘米以上，一部分应利用的牧草未利用，降低草地利用率。从牧草利用率的角度来看，放牧后留茬高度越低，利用率越高，即荒废越少。总之，采食留茬高度过低，在牧草生长的初期尚可维持较高产量，继续利用，牧草产量会逐渐下降，严重影响山羊的生产。

（3）山羊的放牧习性和适宜的放牧地

山羊采食的草类范围比其他家畜广泛。山羊喜食嫩草及植物的细嫩部分，尤其喜移动采食，常采食绿叶的尖部。无论青草、干草、灌木以及其他家畜所不采食的各种杂草，山羊大都能利用。山羊爱吃多汁的、含盐的、有气味的或有苦味的各种牧草，几乎所有的自然植物山羊都能利用或利用其一部分。山羊善于采食短草，亦能利用其他家畜放牧后的再生草，利用草地的程度比其他家畜高。

（4）放牧山羊排泄粪尿的利用

山羊放牧时，排泄粪尿散布于草地，可增加草地肥力。每只山羊在草地放牧 1 天，产粪一般是 1.4～2.8 千克，排泄的粪尿含氮为 25 克左右，相当于给草地施用尿素 50 多克。山羊粪尿肥分较全，肥效较其他肥料为优。但是，山羊粪尿也可以污染和浪费牧草，常造成牧草黄化。

11. 青干草调制方法主要有哪些？

（1）压裂茎秆法

用茎秆压扁机将草茎纵向压裂，可缩短干燥时间，并使干燥均匀、营养损失少，此法最适宜于豆科牧草及杂类草。

（2）豆科牧草与作物秸秆分层压扁法

豆科牧草适时刈割，把麦秸和稻草铺在场面上，厚约 10 厘米，中间铺鲜苜蓿 10 厘米，上面再加一层麦秸或稻草，然后用轻型拖拉机或其他镇压器进行碾压，直到苜蓿大部分水分被麦草或稻草吸收为止。最后晾晒风干、堆垛，垛顶抹泥防雨即可。此法调制的苜蓿干草呈绿色，品质好，同时还能提高麦草、稻草的营养价值，适合于小面积豆科牧草的调制。

（3）翻晒草垄法

高产刈割草地，由于草较厚易造成摊晒不均，需在割草后进行翻晒，一般翻晒两次为宜，豆科牧草最后一次翻晒应在含水量不低于40％，即叶片不易折断时进行。生产上常用的双草垄干燥法是将刈割的牧草稍加晾晒，然后用搂草机的侧搂把搂成双草垄，经过一定程度干燥后，把两行合为一行。

（4）适时阴干及常温鼓风干燥法

草堆或草棚风干：当牧草水分含量降到30％～40％时，及时聚堆、打捆进行阴干，或在草棚内风干。打捆干草堆垛时要留有通风道以便加快干燥。

牧草常温鼓风干燥：刈割后的牧草在田间预干到含水量50％左右时，置于设有通风道的干草棚内，用鼓风机或电风扇等吹风装置进行常温吹风干燥。

（5）草架干燥法

此法可加快牧草的干燥速度，干草品质好，适用于人工种植的牧草和高产天然打草场。具体操作方法是把割下的牧草置于地面干燥0.5～1天，使其含水量降至45％～50％，然后自下而上逐层堆放，或打成直径20厘米左右的小捆，草的顶端朝里，并避免与地面接触吸潮。

（6）高温人工快速干燥法

将牧草置于烘干机中，通过高温使牧草迅速干燥，可保持青饲料养分的90％～95％。此外，利用太阳能干燥装置预热空气，加快豆科牧草的干燥速度，可使青干草的饲用价值提高6％～8％。

（7）低温条件下调制冻干草

首先调节牧草和饲料作物的播种期，使其在霜冻来临时进入孕穗至开花期，霜冻1～2周内进行刈割，刈割后的草垄铺于地面冻干脱水，不需翻转，当其含水量下降至20％以下时，即可拉运堆垛。此方法既避开了雨季的影响，又避开了打草季节劳动力不足的矛盾，而且调制的冻干草适口性好，色绿味正，有利于叶片、花序和胡萝卜素的保存。

12. 青干草调制技术主要有哪些？

干草调制是把天然草地或人工种植的牧草和饲料作物进行适时收割，晾晒和贮藏的过程。优质干草是磷、钙、维生素的重要来源，干草中含蛋白质7％～14％，可消化碳水化合物40％～60％，能基本满足山羊的营养需要。

（1）草粉

将适时刈割的牧草经快速干燥后，粉碎而成的青绿粉状即为草粉。草粉作为维生素、蛋白质饲料，在畜禽营养中具有不可替代的作用。把优质牧草经人工快速干燥、自然干燥或人工快速混合脱水干燥，然后粉碎成草粉或再加工成草颗粒，或者切成碎段后压制成草块、草饼等。这种产品是比较经济的蛋白质、维生素补充饲料。目前，中国草粉生产尚处于起步阶段，混合饲料中草粉所占的比例较小，但近年来优良豆科牧草——苜蓿种植面积逐年扩大，它将为草粉生产开辟更广阔的原料来源。

①草粉的保存价值。从保存养分角度来说，以调制青草粉效果较好。例如，在自然干燥下，牧草的养分损失常达30%～50%，胡萝卜素损失高达90%。若采用人工强制通风干燥或高温烘干，则牧草的养分损失可大大减少，一般损失仅为5%～10%，胡萝卜素损失低于10%。干草以原形贮存时，其养分损失仍然较大，若及时加工成青草粉贮存，与其他贮藏方法相比较，其养分的损失最少。青草粉具有蛋白质含量高、维生素含量丰富等特点，含可消化蛋白质为16%～20%，各种氨基酸总量约为6%；青草粉还含有叶黄素、维生素C、维生素K、B族维生素、微量元素及其他生物活性物质，所以将青草粉作为蛋白质和维生素补充饲料，其作用优于精料。配合饲料中加入一定比例的青草粉具有养分齐全、生物学价值高等特点，对羊只健康和生产性能都具有较好的效果，可获得显著的经济效益。

②草粉的加工。加工生产草粉的流程一般为：适时刈割→切短→干燥→粉碎→包装→贮运。

切短：切短是将收获的饲草进行简单的加工，是进行其他加工的前处理。收割饲草多用饲草联合收割机，同时完成刈割、切短等工序。有时生产过程中不进行切短，而是将刈割后的饲草人工干燥后，直接进行粉碎。

干燥：原料的干燥方法直接影响到草粉的质量，常用的方法有自然干燥和人工快速干燥法。一般采用人工快速干燥法，与自然干燥法相比，可大大减少草粉营养物质的损失，一般胡萝卜素的损失不超过10%，其他营养物质的损失不超过8%。应用自然干燥法，干燥过程中叶片及嫩枝容易脱落，其营养损失远远高于重量损失，结果是所生产的草粉粗蛋白含量低，粗纤维的含量较高，影响草粉的质量。

粉碎：粉碎工序对草粉的质量有重要的影响，技术要求高。饲草经粉碎后，增大了饲料暴露的表面积，有利于动物消化和吸收。

（2）草颗粒

为了缩小草粉的体积，便于储存和运输，用制粒机可以把干草粉压制成颗粒状，即草颗粒。草颗粒可大可小，直径为0.64～1.27厘米，长度为0.64～2.54厘米。颗粒密度700千克/米³。

草颗粒在压制过程中可加入抗氧化剂，防止胡萝卜素的损失，如把草粉和草颗粒放在纸袋中，储藏9个月后，草粉中胡萝卜素损失65%，而草颗粒仅损失6.6%。在生产上应用最多的是苜蓿颗粒，占90%以上，以其他牧草为原料的草颗粒较少。

（3）草块

牧草草块加工分为田间压块、固定压块和烘干压块 3 种类型。

田间压块是由专门的干草收获机械——田间压块机来完成的，能在田间直接捡拾干草并制成密实的块状产品，产品的密度为 700～850 千克/米³。压制成的草块大小一般为 30 毫米×30 毫米×（50～100）毫米。田间压块要求干草含水量必须达到 10%～12%，而且至少 90% 为豆科牧草。

固定压块是由固定压块机将粉碎的干草通过挤压钢模，形成 32 毫米×32 毫米×（37～50）毫米干草块，密度为 600～1000 千克/米³。

烘干压块由移动式烘干压饼机完成。由运输车运来牧草，并切成 2～5 厘米长的草段，由运送器输入干燥滚筒，使水分由 75%～80% 降至 12%～15%，干燥后的草段直接进入压饼机压成直径 55～65 毫米，厚约 10 毫米的草饼，密度为 300～450 千克/米³。草块的压制过程中可根据需要加入尿素、矿物质及其他添加剂。

13. 青贮饲料具有哪些优点？

青贮饲料是在厌氧条件下经过乳酸菌发酵调制保存的青绿多汁饲料。新鲜的或萎蔫的、半干的青绿饲料，在密闭条件下利用青贮原料表面上附着的乳酸菌的发酵作用，或在外来添加剂的作用下促进或抑制微生物发酵，使青贮原料 pH 下降而保存的饲料叫做青贮饲料，其过程称为青贮。制作青贮饲料的原料除了常用的牧草和饲料作物及其秸秆以外，块根块茎、野菜、杂草、树叶、某些工业加工副产品均可作青贮原料。其优点如下：

（1）饲料营养损失较少

在田间调制干草常因落叶、氧化、光化学反应等原因，使其营养物质损失 20% 以上，有时高达 40%，遇到雨水淋洗或发霉变质，则损失更大。而在饲料青贮过程中，其营养物质的损失一般不超过 15%，尤其是粗蛋白质和胡萝卜素的损失很少。

（2）扩大饲料来源

青贮饲料单位容积贮量大，便于大量贮存，是一种经济又安全的贮存方法。青贮饲料所占空间比干草小得多，每平方米青贮饲料的重量为 450～700 千克，其中含干物质 150 千克，而每平方米的干草重仅 70 千克，含干物质 60 千克。

（3）适口性好，消化率高

牧草及饲料作物经过青贮后可以很好地保持青绿饲料的鲜嫩汁液，质地柔软，并且产生大量的乳酸和少部分醋酸，具有酸甜清香味，从而提高了适口性。青贮饲料的能量、蛋白质、粗纤维消化率与同类干草相比均更高，并且青贮饲料干物质中的可消化蛋白质、可消化总养分和消化能含量也较高。

（4）调制不受气候等环境条件影响，可长期保存利用

在调制青贮饲料的过程中，不受风吹、日晒和雨淋等不利因素的影响。在阴雨季节或天气不好、难于调制干草时，只要按青贮规程和要求进行操作，仍可以制成青贮饲料。在青贮方法正确，原料优良，存贮位置合适，不漏气、不漏水，管理严格的情况下，青贮饲料可贮存10年以上，其优良品质保持不变。

14. 青贮饲料的操作包含哪些程序？

（1）青贮前准备工作

事先应修建好青贮窖，配备好青贮切碎机、配套动力、运输工具，安排好人力，以便在尽可能短的时间内快速完成。

（2）切碎青贮原料

切碎的目的是便于压实，增加饲料密度，排出空气，并使植物细胞渗出汁液湿润饲料表面，有利于乳酸菌摄取糖分生长发育，同时便于取用，提高青贮饲料的利用率。青贮料的切碎程度应根据原料的性质而定，细茎植物如禾本科牧草、豆科牧草及其他杂草类、叶菜类，一般切成3～5厘米，而粗茎材料或粗硬的细茎植物如玉米、向日葵等切成2～3厘米为宜。

（3）装填

切碎的原料要立即装填，装填原料的速度要快，最好在1～2天内将全部原料装入窖内。装填前窖底应先铺一层20厘米左右厚的干碎草，其上再装填原料，装填原料要分层进行，加入适量的麦麸来调节水分。窖装满后在原料上覆盖一层碎草。

（4）压实

将青贮原料压实是保证青贮饲料质量的重要环节，小型普通青贮窖可用人工踩紧踏实，每装入15厘米踩踏压实一次，以减少与空气接触时间，要特别注意窖的周边与拐角部位的压实，以排除空气，创造厌氧条件，促进乳酸菌迅速繁殖，控制发窖温度，减少营养物质损失，保证青贮成功。

（5）密封

原料装填完毕后立即密封。严格密封，防止透气漏水，是制作青贮料的又一关键技术。

（6）管理

密封后要经常检查管理。封土后3～5天青贮料下沉，覆土会出现裂缝或凹坑，应及时覆盖新土。为防止雨水渗入窖内，四周应挖排水沟。

15. 制作青贮料的技术要点有哪些？

（1）青贮窖的准备

青贮窖必须结实、坚固、不透气、不漏水、不导热。窖壁坚实平滑，不留死角，四周做成半圆形，使青贮料能均匀下沉，不留空隙，窖壁要有一定的倾斜度，上大下小。若是土窖，底、壁衬以塑料薄膜。青贮窖的中间砌一堵墙，把大青贮窖分隔成两个或多个小窖，当养殖量少或青饲草种植面积小时贮满其中一个小窖即可，待养殖规模扩大后，同时贮满两窖或多窖，避免贮半窖的现象发生。

青贮窖容积的大小应根据饲养的山羊数与可青贮的饲草数量确定，一般每立方米可贮550～650千克青贮草；一般每只羊每年需青贮料2500千克。青贮总量（千克）＝头数×2500千克，再求出容积（青贮总量÷每立方米青贮重量），据此容积进一步确定设备的长、宽、高、直径等。

青贮窖的宽度一般应小于深度，较好的比例是1：（1.5～2），利于原料本身重量将其压实，并降低损耗量。窖的大小应根据青贮数量及养殖头数来决定，规模养殖场宜采用长方形窖，宽度在1.7～3米，深度以2.3～3.3米为宜，长度随青贮数量而定。长方形窖的边角应呈圆形，以利原料的下降和压实。为减少青贮料的损失，窖底和四周应铺一层塑料薄膜。

（2）原料的选择

作为青贮饲料的原料，首先是无毒、无害、无异味，可以作饲料的青绿植物，且必须含有一定的糖分和水分。如果原料中没有足量的糖分，就不能满足乳酸菌的需要。因此，青贮原料的含糖量至少应占鲜重的1%～1.5%。根据含糖量的高低，可将青贮原料分为以下3类。

易青贮的原料：在青绿植物中糖分含量较高的如玉米、甜高粱、禾本科牧草等，属于易青贮的原料。这类原料中含有较丰富的糖分，在青贮时不需添加其他含糖量高的物质。

不易青贮的原料：这类原料含糖分较低，但饲料品质和营养价值较高，如紫花苜蓿、草木樨、三叶草，以及饲用大豆等豆科植物。这类原料多为优质饲料，应与第一类含糖量高的原料混合青贮，或添加制糖副产物如鲜甜菜渣、糖蜜等。

不能单独青贮的原料：这类原料不仅含糖量低，而且营养成分含量不高，适口性差，必须添加含糖量高的原料，才能调制出中等质量的青贮饲料。这类原料如南瓜蔓、西瓜蔓等。

（3）青贮原料要适时收割

优质的青贮原料是调制优质青贮料的物质基础，确定青贮原料的适时收割期，既要兼顾营养成分和单位面积的产草量，又要有比较适量的水分和糖分。一般收割宁早勿迟，随收随贮。

（4）青贮原料要有适当的含水量

青贮原料只有在适当的含水率时，才能保证获得良好的发酵并减少干物质和营养物质损失。含水率以 50％～70％为宜，以 65％为最佳。通常可以采用简便方法进行粗略判定：抓一把切碎的青贮作物样品，在手里攥紧 1 分钟后松开，若能挤出汁水，则含水率必定大于 75％；若草球能保持其形状但无汁水，则为 70％～75％；若草球有弹性且慢慢散开，则含水率为 55％～65％；若草球立即散开，则含水为 55％左右；若牧草已开始折断，则含水率低于 55％。

原料中含水量过低，原料间隙残留空气多，青贮时不宜压紧，乳酸菌不能迅速繁殖，此时可以添加清水，加水量要根据原料的实际含水情况而定。如果青贮原料含水量过高，容易造成汁液等营养物质损失，有利于有害微生物的繁殖，使青贮料腐烂败坏，品质变次。青贮原料如果含水率过高，可在收割后于田间晾晒 1～2 天，以降低含水率。如遇阴雨天不能晾晒时，可以添加一些秸秆粉或糠麸类饲料，以降低含水率。

（5）青贮时的温度

青贮最适宜的温度为 25～35℃，但只要不低于 15℃、不高于 40℃，都可以进行青贮。

（6）适宜的环境

青贮要求密闭的厌氧环境。这是制作青贮饲料最为重要的条件，必须控制好这一先决条件。

装窖前检查窖底与壁是否铺好"垫底"，窖边是否铺好芦席，而后开机铡草，边铡碎边装，尽量避免切碎的原料在窖外暴晒过久，装入窖内的原料要随时摊开。如原料过干，应均匀洒些水。每装 30 厘米左右就需压实一次。窖的四周更应特别注意压紧，用石杵夯实或靠拖拉机镇压更好。逐层装满，高出地面0.5～1 米呈圆顶形时封窖。封窖时，先用塑料薄膜围盖一层，加一层软干草，再加土夯实，并将表面拍光滑。封好后，应在距离窖口四周 1 米处挖一条排水沟，并经常检查窖顶有无下陷现象。如发现下陷，应重新修复，防止空气与雨水进入。

（7）鉴定

在一般生产条件下，闻青贮料的气味、看其颜色与质地，就能评定其品质的好坏。正常的青贮料有芳香气味，酸味浓，没有霉味；质地松软且略带湿润，茎叶多保持原料状态，清晰可见。若酸味较淡或带有臭味，色泽呈褐色或黑色，质地黏成一团或干燥而粗硬的就属于劣质青贮料了。质量过差、黏结发臭、发霉变黑的青贮料不宜饲喂山羊。

(8) 利用

青贮饲料一般经过 1 个月左右就能完成发酵过程，可以开窖使用了。开窖前应清除窖顶盖土，圆形窖自上而下逐层取料，长形窖应从一端开始，盖土可以先清一段，取完料后再清再取，逐段进行。开窖后注意排水、鉴定品质，取料应随取随喂，以当日喂完为准，切勿取一次喂数日。取料面要平滑，尽可能缩小范围，但也要防止打洞掏心。每日取料进度不要少于 15 厘米，取完后盖严塑料布，清除周围余料。青贮窖打开后，如果中途停喂，时间间隔较长，必须按原来封窖方法将青贮窖盖好封严，使其不透气、不漏水，如此才可继续保存饲料而不变质。

青贮料的饲用时间以缺草的冬春季节较为适宜。喂量控制在每只羊每天 1～2.5 千克。青贮秸秆有轻泻作用，不宜单独饲喂，怀孕母羊要慎喂、少喂。过酸时可用 3%～5% 的石灰乳中和。在饲喂过程中要防止二次发酵。

表 5-3　几种青贮料的营养成分（%）

	青贮苜蓿	青贮全株玉米	青贮燕麦草	青贮黑麦草	青贮甘薯茎叶	青贮马铃薯茎叶
干物质	28.3	23.2	32.4	27.6	2.1	14.8
粗灰分	2.6	1.4	2.7	2.2	1.4	2.8
粗纤维	9.1	5.9	11.5	10.2	3.5	3.4
粗脂肪	0.9	0.8	1.0	0.9	0.5	0.5
无氮浸出物	10.5	14.1	14.3	11.5	5.1	5.7
粗蛋白质	5.1	2.0	2.9	2.9	1.6	2.3
钙	0.4					0.3
磷	0.1					0.3

16. 农作物秸秆如何进行加工调制？

农作物秸秆的加工与调制，主要是为了农作物秸秆的贮存，并通过加工调制来改变秸秆的物理形态，达到提高适口性和羊只对饲草的采食量，减少浪费，充分提高饲草利用率和消化率。

农作物秸秆的主要成分是木质素，山羊消化率低，常见的用于畜牧业的农作物秸秆原料主要有玉米秆、豆秆、稻秆、甘蔗梢、高粱秆、红薯藤、花生藤和洋芋秆等。这些秸秆干后纤维素和木质素含量高，营养价值低，不利于山羊消化吸收，只有将它们进行处理后，才能充分降解秸秆中的纤维和木质素，提高营养价值，增加蛋白质和微生物含量，帮助山羊消化吸收。

（1）秸秆物理处理方法

①切碎、粉碎。切碎是加工调制秸秆最简便而又重要的处理方法，是进行其他加工的前处理。秸秆切短后，可减少咀嚼秸秆时能量的消耗，如家畜咀嚼1千克小麦秸，切碎前需消耗热能 21.56 兆焦，切碎后则降为 7.16 兆焦；又可减少 20%～30% 的饲料浪费，采食量提高 20%～30%，从而使山羊摄入的能量增加。切短的长度，羊一般以 2～3 厘米为宜。

粉碎使秸秆在横向和纵向都遭到破坏，瘤胃液与秸秆内营养底物的作用面积扩大，从而增加采食量，减少咀嚼秸秆时能量消耗，减少浪费，提高秸秆的消化率。对羊来说，粉碎细度以 7 毫米左右为宜。如果粉碎过细，则咀嚼不全，唾液不能充分混匀，秸秆粉在胃内形成食团，羊易引起反刍停滞，同时加快了秸秆通过瘤胃的速度，导致秸秆发酵不全，反而降低了秸秆的消化率。

②浸泡。将秸秆切成 2～3 厘米长的小段，用清水浸泡，使其软化。秸秆的浸泡可以提高适口性，增加羊的采食量。如用淡盐水浸泡，羊更爱采食。

③蒸煮。将秸秆放在 90℃ 的开水中蒸煮 1 个小时，这样可降低纤维素的结晶度，软化秸秆，增加适口性，提高消化率。也有些是用熟草喂羊，其方法是将切碎的秸秆加入少量的豆饼和食盐煮 30 分钟，晾凉后取出喂羊。或将切碎的秸秆与胡萝卜混合放入铁锅内，锅下层通有气管，管壁上有洞眼，锅上覆盖麻袋，由气管通往蒸汽蒸 20～30 分钟，5～6 个小时后取出喂羊。

④碾青。将秸秆铺于打谷场上，厚度为 30～40 厘米，秸秆上面铺有同样厚的青料，青料上再铺一层同样厚的秸秆，然后用石磙碾压。被压扁的青料流出的汁液被秸秆吸收，压扁的青料在夏天经 12～24 小时的曝晒就可干透。碾青后的秸秆可以较快地制成干草，减少营养素的损失；茎叶干燥速度一致，减少叶片脱落损失，还可提高秸秆的适口性与营养价值。

（2）秸秆氨化

氨化是近年来国内外大力推广的畜牧实用新技术，经氨化处理的秸秆，粗蛋白含量提高 1～2 倍，还可以提高适口性和利用率，能量转化率提高10%～15%。

①氨化前的准备。各种农作物秸秆，一般都可氨化。用于氨化的秸秆最好是新鲜的、没受污染的。氨化要选择晴朗的天气进行，氨化前先准备好铡草机和配套动力及大缸、水桶、喷壶等用具。

②氨化方法。氨化方法有堆贮法、窖贮法、缸贮法、塑料袋贮法。其中，

堆贮法适于大量农作物秸秆的氨化，首先将秸秆堆垛好，用塑料膜密封后进行，塑料膜大小按氨化量设计。窖贮法是用水泥窖或土窖，窖深一般不超过2米，长、方、圆形均可，也可用上宽下窄的梯形窖，要求窖壁光滑，底微凹，窖底、上口衬塑料膜，密封后氨化。缸贮法是用大缸将草装好，上口盖塑料膜进行氨化。塑料袋贮法是用大塑料袋直接把草装入，用绳结扎袋口进行氨化。

③氨化技术要点。

场地选择：要求氨化的场地背风向阳、干燥，远离圈舍、不受人畜侵害。

季节、天气的选择：以4～6月、8～10月为好，选择晴朗、高温天气，在上午高温时段处理最好。

垛堆装窖：堆贮法或窖贮法均先将塑料膜铺底，堆装秸秆并计量，留上风头一面待注氨，其余周边用土压严。

注氨：将氨水运至现场，计算好注氨量，按秸秆重量的10％～12％计算，并准备好注入工具，穿好防护用具，站在上风头将注氨管深入秸秆中部打开开关，按规定量注完后即关好开关，抽出注氨管，密封垛、窖、缸、袋。土窖注氨量以15％为宜。如用尿素代替氨水，每100千克秸秆加尿素1～4千克、加水15～30千克。尿素在水中加热加速溶解后，趁热均匀地喷洒在秸秆上，喷完后立即包严压实，封闭氨化。

密闭氨化：用土压实，封严周边，防止漏气。氨化时间依季节温度而异，在日间气温20℃以上时氨化7天左右，15℃时氨化10天左右，5～10℃时氨化15天以上，0℃时氨化28天以上，0℃以下时要氨化达1个月以上。

开堆放氨：根据气温确定氨化天数，并可参看塑料膜内秸秆变成深棕色后，即可开堆放氨。选择有风吹日晒的天气，将氨味全部放掉，放出氨后呈糊香味为好。为了能充分放氨，应经常翻动秸秆或放完一层取走一层，一般3～5天即可放净。

饲喂贮存：必须将氨味完全放掉，呈糊香味方可喂羊，切不可将带有氨味的拿来喂羊。饲喂方式最好拌料喂，也可单喂或与其他饲草掺喂，开始喂时可少给勤添，最好随处理随喂。

（3）秸秆碱化

碱化处理是成本低廉、简便易行、目前研究最多、生产上较实用的秸秆加工方法之一。秸秆用碱性化学物质如氢氧化钠等进行处理，以提高其粗纤维的消化率和适口性。碱化处理的原理是碱溶解一部分半纤维素，使粗纤维膨胀，破开细胞层之间的联结，从而为瘤胃微生物接近和分解纤维创造条件。经氢氧化钠处理的秸秆，不但消化率提高15％～30％，且柔软、适口性好，山羊采食后可形成适宜瘤胃微生物活动的微碱性环境，提高秸秆的利用率。但应注意秸秆经碱处理后，粗蛋白质含量没有改变。碱化处理秸秆方法较繁杂，氢氧化钠的腐蚀性较强，常用的碱化剂主要有熟石灰、氢氧化钾、氢氧化钠等。

（4）秸秆微贮

秸秆微贮是秸秆里加入微生物菌种，在密闭条件下进行发酵，从而提高秸秆的营养品质和适口性的一种秸秆处理技术。

①微贮饲料制作方法。

秸秆的选择：秸秆应以当年采集的为主，上年的如果未发霉也可适当利用，秸秆必须是山羊能吃的无毒秸秆。

秸秆粉碎：秸秆收割后必须晒干贮藏，无霉变。微贮发酵前，所有的原料必须粉碎。

发酵菌剂的用量：250克菌剂发酵1000千克秸秆。由于有的农户饲养规模较小，为避免发酵后的饲料因长时间堆放发霉而不能饲喂，大多采取一次发酵100千克的量或在3天内能喂完的量。发酵菌剂投放量也不按秸秆比例缩减，应增加1～2倍。例如发酵100千克秸秆，菌剂投放不是25克，应为50克以上。具体操作方法是：发酵100千克秸秆粉，取50克左右发酵菌剂与1千克麸皮或玉米粉混匀，放入5～10千克清水搅拌均匀，放置30分钟以上，使其充分溶解。秸秆粉用清水泼洒混合均匀，一般用水量是秸秆粉干重的30%～50%。再均匀洒上发酵菌剂混合液，混拌均匀。有条件的还可以加入0.5～0.8千克食盐和1千克氧化钙（也溶解在5千克水中洒在秸秆粉上），混合好的秸秆粉以用手捏时不滴水为宜，过干或过湿都不利于菌体生长。

堆贮：发酵菌体的生长繁殖受气温、空气湿度影响较大，气温低于15℃时菌体即处于休眠状态。因此发酵地点最好在温度稍高的地方和室内，尤其是冬天更应注意。选择平整的水泥地面或砖石地面，先在地面上铺一层薄膜，再将混合好的原料放在薄膜上堆成圆锥状或馒头状。为防止水分蒸发和热量散失，可在原料堆表面覆盖塑料薄膜和干净的麻袋，用砖头将原料堆的边缘薄膜压实。在微贮料中间温度达到30～35℃并发出醇香味时进行内外翻堆后继续发酵，夏季2～4天、冬季3～7天即可。发酵好的合格微贮饲料，具有弱酸味和醇香味，手感柔软、松散。如看到少量红、黄、绿、黑等颜色，手感发黏或结块，为污染霉变的饲料，必须及时除去。微贮饲料发酵好后，将覆盖物揭开，摊开散热，冷却后即可饲喂。

保存：发酵好的饲料可晾干装袋保存，也可以制作成商品饲料出售，使用时可提前1天加湿，第二天仍有醇香味和良好的适口性。

②微贮秸秆品质鉴定。微贮饲料经过21～30天的发酵，即可取出饲喂。但饲喂之前要进行质量评定。优质的微贮青绿秸秆呈橄榄绿色，黄干秸秆呈黄

色，具有酸香或果香味，结构松散，质地柔软湿润。不良的微贮秸秆呈黑绿色或褐色，有强酸味，干燥、粗硬；劣质的微贮秸秆有霉臭味，发黏，不能饲喂山羊。

第六章　山羊饲养管理技术

1. 山羊有哪些生活习性和行为特点?

充分了解山羊的行为习性,有利于提供适宜的饲养环境、合理的营养日粮,采取科学的饲养管理方法。

(1) 合群性

山羊的合群性比较强。不同品种的羊,合群性不一致,肉用羊要比毛用羊差。在自然群体中,头羊一般由母羊担任,羊群中掉队的多是病、老、弱的羊只。山羊可以混合组群,但在采食牧草时,彼此分成不同的小群,很少均匀地混群采食。利用羊的这一特性可以大群放牧管理,以节省劳力、物力,为羊只的转场提供方便。但也有不好的地方,如少数羊一有受惊跑动,其他羊只也狂奔,因而造成危害。对此,管理上应该注意预防。

(2) 放牧习性

放牧时,山羊习惯分散地采食,机警、灵敏、活泼好动,并且喜欢攀登,可在较陡的悬崖边采食。放牧羊群每日游走的距离有很大差异,毛用羊较肉用羊游走距离大,羊在繁殖季节较非繁殖季节游走距离大。羊群在放牧时采食有一定的间歇性,羊吃饱后即开始休息、反刍或游走,过一段时间再采食。日出前和日落前是羊群的采食高峰期,早晨采食时间较长,所以,羊群放牧必须保证有一定的时间。

(3) 采食能力强,饲料利用广泛

山羊有长、尖而灵活的薄唇,下切齿稍向外弓而锐利,上颌平整坚强,上唇中央有一纵沟,故能采食地面低生草,捡食落叶枝条,利用草场比较充分。羊能利用多种植物性饲料,对粗纤维的利用率可达 $50\% \sim 80\%$,适应在各种牧地上放牧。山羊的采食广且杂,可采食 600 余种植物,占供采食植物种类的 88%,山羊特别喜欢树叶、嫩枝,可用以代替粗饲料需要量的一半。不适于绵羊放牧的灌木丛生的山区丘陵,可供山羊放牧。利用这一特点,能有效地防止灌木的过分生长,具有生物调节的功能。

（4）爱清洁，喜干燥，厌潮湿

山羊爱清洁，有高度发达的嗅觉，遇到有异味或被污染的草料和饮水，宁可忍饥挨饿也不愿食用，甚至连它自己践踏过的饲草都不吃。这就要求饲养管理要细心，饲槽要清扫，饮水要勤换。

山羊适宜在干燥、凉爽的环境中生活。羊群的放牧地和圈舍都以干燥为宜。长期在低洼、潮湿的草场上放牧，容易使羊感染寄生虫和发生传染病，影响羊的生长发育，应定期用无公害、无残留的药物进行驱虫。

（5）适应性强

山羊对外界各种气候条件具有良好的适应性，这些适应性主要表现为很强的耐粗饲、耐饥渴、耐炎热和耐严寒等特性。羊群的适应性，受选种目标、生产方式和饲养条件影响。在肉羊改良需引进种羊时，必须详细了解原产地的自然气候条件。经实践发现，山羊最适宜的环境温度：母羊为 7～24℃，初生羔羊为 24～27℃，哺乳羔羊为 5～21℃，羊舍或周围环境湿度以 50%～70% 为宜。适宜气流冬季应为 0.1～0.2 米/秒，夏季应加大气流速度。

（6）抗病力强

山羊有较强的抗病力。只要搞好定期的防疫和驱虫，给足草、料和饮水，满足其营养需要，山羊一般较少生病。体况良好的山羊对疾病的耐受力较强，病情较轻时一般不表现症状，有的甚至在临死前还能勉强跟群吃草。因此，在放牧和舍饲管理中必须细心观察，才能及时发现病羊。若等到羊只已停止采食或停止反刍时再进行治疗，疗效往往不佳，会给生产带来很大损失。

（7）母性强

山羊的母性较强。分娩后，母羊会舔干羔羊体表的羊水，并熟悉羔羊的气味，母仔关系一经建立就比较牢固。羔羊通常需哺乳时才主动寻找母羊，平时则自由玩耍。母羊主要依靠嗅觉来辨认自己的羔羊，并通过叫声来表现攻击或躲避行为。

2. 山羊的饲养方式主要有哪些？

根据不同品种、不同自然条件及生产目的，山羊的饲养方式分为全放牧饲养、舍饲饲养和半放牧半舍饲饲养 3 种。应根据当地草场资源、牧草种植情况、农作物秸秆情况、羊舍面积及不同生产方向等来选择适宜的饲养方式。

（1）全放牧饲养

全放牧饲养方式是指一年四季以放牧为主，这种饲养方式符合山羊的生活习性，放牧时山羊采食的青绿饲料种类多，容易得到其生长发育所需要的营养，并且增加了运动，受到各种气候的锻炼，有利于羊只的生长发育和增强对疾病的抵抗能力。同时全放牧饲养比较经济、减少管理费用，降低生产成本，只要拥有足够的天然草地、林下草地或灌木丛等生态环境条件和牧草资源优势的地区都可以采取这一饲养方式。全放牧分为两种形式，一是自由放牧，即将山羊放在天然草地或灌木林间，让羊只自由游走采食；另一种为划区轮牧，即根据草地面积、牧草生长情况和羊群大小，将放牧地划分为多个小区进行轮流放牧，以充分利用草场，提高载畜量，减少羊群游走，有利于抓膘保膘。当草场载畜量偏高、牧草生长发育受限时，应减少放牧强度，适当进行补饲，否则会影响山羊的正常生长和繁殖，降低生产性能，还会破坏生态环境。如遇雨天、枯草季节，在放牧的基础上必须适时补饲精料。

这种饲养方式投资小，成本低，但应控制羊群数量，合理保护和利用草山草坡，特别是在春季牧草返青前后，要适当降低放牧强度，兼顾羊群和草场的生产性能，才能取得良好的经济效益和生态效益。放牧时山羊发病初期往往不易被觉察，放牧人员应随时留心观察，发现异常应及早给予治疗。

（2）舍饲饲养

养羊业的快速发展与生态环境保护的矛盾日益突出，使得全放牧的饲养方式受到限制。实行舍饲圈养，解决生态保护与养羊业发展的矛盾势在必行。舍饲饲养就是一年四季将羊群关在圈舍里人工饲喂，山羊完全处于人为的饲养管理条件下，可按照山羊不同阶段的生长发育特点进行饲养管理。该方式适合于缺乏放牧草场的农区和城镇郊区，要求有足够的草料来源、宽敞舒适的羊舍和配套设施及一定面积的运动场，可减少羊只放牧游走的能量消耗，有利于肉羊的育肥，可减轻草场的压力，对生态环境保护具有积极的作用，但不能通过全放牧形式利用天然牧草资源，因此饲养成本较高。舍饲饲养必须通过种植牧草，收集和储备青绿饲料、秸秆和干草等，才能保证羊群饲草的均衡供应。舍饲的日粮组成应根据山羊的使用价值、羊只的大小和饲料类型及质量的差异而定，每只成年羊每天的日粮：混合精料 0.3～0.6 千克、青粗饲料 3～5 千克或青干草 1.5～2 千克，每天早中晚 3 次定时给料，在饲喂上注意先粗后精、先差后好，这样可增加羊群的采食量。

这种饲养方式的效果取决于羊舍、羊床等设施的状况和饲草料的供应情况，还在于品种、营养、饲养管理、疫病防控和环境条件等多种因素的综合控制，只有缩短饲养周期，提高羊群的出栏率，才能取得良好的经济效益和生态效益。舍饲饲养由于山羊运动少、食欲差和体质弱，应增加运动以促进其血液循环和增强代谢，提高羊群的抗病能力。

（3）半舍饲半放牧饲养

这种饲养方式结合了放牧和舍饲的优点，有少量放牧地，可以补充人工饲料的不足，又能充分利用自然资源，适合饲养各种生产方向的山羊，是半农半牧区、山区和丘陵区广泛采用的一种养羊生产模式。在生产中应根据不同季节牧草生产的数量和品质、羊群本身的生理状况，实行不同的放牧和舍饲强度，确定每天放牧时间的长短和在羊舍饲喂的次数、数量，实行灵活的"放牧＋舍饲"饲养方式。夏秋季节各种牧草生长旺盛，通过放牧能基本满足羊的营养需要，可不补饲或少量补饲。冬春牧草枯萎季节，放牧不能满足羊的营养需要，必须加强补饲。但生产上为了缩短肉羊的育肥期，在夏秋季节各种牧草生长旺盛之际还需适当补饲精料，以提高养殖效益。

这种饲养方式的效果取决于当地草场实际情况、草料储备情况和农作物秸秆资源状况。在保护生态环境的前提下，充分利用天然草山草坡进行放牧，并对农作物秸秆进行合理的加工利用，以保证山羊正常的生长发育需要，充分发挥其生产性能，降低饲养成本，提高经济效益和生态效益。

3. 如何科学地对种公羊进行饲养管理？

山羊的生长发育有其自然的生理阶段，应根据其每个阶段的具体要求进行科学合理的饲养管理，才能取得良好的效果。

种公羊是发展养羊生产的重要生产资料，对整个羊群的生产水平、产品品质和经济效益都有重要的影响。种公羊的基本要求是体质结实、精力充沛、性欲旺盛、配种能力强、精液品质好。在饲养上应根据饲养标准合理搭配饲料，补饲的精料应富含蛋白质、矿物质、维生素，日粮中应保持较高的能量和粗蛋白水平，做到易消化、适口性好。在管理上，种公羊要求单独饲养，保证有适度的放牧和运动时间，以免种公羊过肥而影响配种能力。种公羊数量少，对后代的影响大，在饲养管理方面要求比较精细，对种公羊最适宜的饲养方式是选择优良的草场采用"放牧＋补饲"。根据种公羊配种强度及其营养需要特点，将种公羊的饲养管理分为非配种期和配种期两个阶段。

(1) 非配种期种公羊的饲养管理

种公羊在非配种期的饲养，以恢复和保持其良好的种用性能为目的。配种结束以后，种公羊的体况都有不同程度的下降，为了使其体况尽快恢复，在配种刚结束的 1～1.5 个月内，种公羊的日粮应与配种期保持基本一致，但配方可以适当调整，增加日粮中优质青干草或青绿多汁饲料的比例，并根据体况恢复情况，逐渐转为饲喂非配种期的日粮。种公羊在非配种期的体能消耗少，略高于正常饲养标准就能满足种公羊的营养需要。在有放牧条件的地方，非配种期种公羊的饲养应以放牧为主，适当补喂一定的精料和优质干草，但要加强运动，使种公羊的体质得到锻炼，种公羊每天的放牧时间为 4～5 小时，每天每只补喂混合精料 0.5～0.7 千克，并要供给适量优质青干草。

（2）配种期种公羊的饲养管理

种公羊在配种期对营养物质的需要量与配种强度和配种期的长短有密切的关系，配种强度越大、时间越长，其体能消耗就越多，需要补充较多的营养，否则易影响其精液品质和配种能力。

在进入配种期前 1～1.5 个月，应加强种公羊的营养供给，在一般饲养管理的基础上，逐渐增加精料的供应量，特别是提高蛋白质饲料的比例，供应量为配种期标准的 60%～70%。配种盛期必须对种公羊进行精心饲养管理，保持相对较高的营养水平，特别应注意日粮的全价性，日粮中的粗蛋白含量应达到 16%～18%，每天供应精料 1～1.5 千克，对配种任务繁重的优秀种公羊，每天混合精料的饲喂量为 1.5～2 千克、鸡蛋 2～3 枚，青干草自由采食，以保持种公羊良好的精液品质。配种结束后的公羊主要在于恢复体能，增膘复壮，日粮标准和饲养制度要逐渐过渡，不宜变化过大。

在配种前 1 个月对种公羊进行采精训练和精液品质检查。刚开始时每周采精 1 次，以后增至每周 2 次，甚至 2 天 1 次，并根据种公羊的体况和精液品质来调节日粮和运动量。到配种时，青年羊每天采精 1～2 次，采 1 天休息 1 天，不宜连续采精；成年公羊每天可采精 3～4 次，每次采精应有 1～2 小时的间隔时间。采精较频繁时，要保证成年种公羊每周有 1～2 天的休息时间，以免因过度消耗体力而造成种公羊的体况明显下降。对精液稀薄的种公羊，要提高日粮中蛋白质饲料的比例。当出现种公羊过肥、精子活力差的情况时，要加强种公羊的放牧和运动。

配种期种公羊的饲养管理要做到认真、细致，经常观察其采食、饮水、运动及粪尿排泄等情况。保持饲料、饮水的清洁卫生，吃剩的草料要及时清除，减少饲料的污染和浪费。夏季高温、高湿，对种公羊的繁殖性能有不利的影响，种公羊的放牧和运动应选择高燥、凉爽的草场，尽可能延长早晚放牧时间，中午将种公羊赶回圈舍休息。

4. 如何科学合理地饲养管理繁殖母羊?

繁殖母羊是羊群正常发展的基础，饲养的好坏是羊群能否发展、品质能否改善和提高的重要因素，其生产性能的高低直接决定着羊群的生产水平，生产上要给予精细的饲养管理，使其能顺利完成配种、妊娠和哺乳过程，提高生产性能。根据繁殖母羊所处不同生理时期，可将繁殖母羊的饲养管理分为空怀期、妊娠期和哺乳期 3 个阶段。

(1) 空怀期的饲养管理

空怀期是指从羔羊断奶到母羊再次配种前的时期，也称恢复期。此时期主要是恢复体况，抓膘复壮，以利配种，在饲养管理上相对比较粗放，其日粮供给略高于维持日常需要的饲养水平即可，可以不补饲或只补饲少量的干草。泌乳力高或带多羔的母羊，在哺乳期内的营养消耗大、掉膘快、体况弱，必须加强补饲，以尽快恢复母羊的膘情和体况。

管理上应尽量选择草质好的草场放牧，延长放牧时间，给予适当补饲，每日补饲 0.2～0.3 千克的混合精料，达到中等以上营养水平，以促进发情，提高受胎率和双羔率，按时完成配种任务。

(2) 妊娠期的饲养管理

妊娠期可分为妊娠前期和妊娠后期两个阶段。

妊娠前期，即妊娠期的前 3 个月，其特点是胎儿增重较缓慢，所增重量仅占羔羊初生重的 10% 左右，此时所需营养与空怀期基本相同。在夏秋季节，妊娠前期母羊的饲养一般以放牧为主，不补饲或补饲少量精料。在冬春季节应适当补些精料或青干草。在管理上要避免吃霜草和霉烂饲料，不饮冰水，不使其猛跑，不暴力驱赶，以免发生流产。

妊娠后期，即妊娠期的后 2 个月，此时胎儿生长发育迅速，妊娠期胎儿增重的 80%～90% 是在此阶段完成，营养物质的需要量明显增加，应给母羊提供营养充足、全价的饲料。如果此期母羊营养不足，体质差，产后缺奶，将会影响胎儿的生长发育，导致羔羊初生重小，生理功能不完善，体温调节能力差，抵抗力弱，极易发生疾病，造成羔羊成活率低。此时，妊娠母羊除放牧外，需补饲一定的混合精料和优质青干草，根据母羊放牧采食情况，每天可补精料 0.3～0.5 千克、青干草 1.0～1.5 千克、胡萝卜 0.5 千克、食盐 10 克、骨粉 5～10 克。

在母羊妊娠期的管理上，要求格外留心，精心管理，把保膘保胎作为管理的重点，前期要防止发生早期流产，后期要防止由于意外伤害发生早产。应避免吃冰冻饲料和发霉变质饲料，不吃霜草，不饮脏水；防止羊群受惊吓，不能紧追急赶，出入圈时严防拥挤；要有足够数量的草架、料槽及水槽，防止饮饲时拥挤造成流产。母羊在预产期前 1 周左右应缩短放牧距离，可放入待产圈内饲养，适当进行运动，以增强体质，预防难产。圈舍要求宽敞，清洁卫生，不拥挤，且通风良好，冬季注意防风保暖。

(3) 哺乳期的饲养管理

母羊的哺乳期可分为哺乳前期（1.5～2 个月）和哺乳后期（2～3 个月）两个阶段。重点在哺乳前期 2 个月，此时母乳是羔羊营养的主要来源，母乳充足，则羔羊生长发育快，体质好，抗病力强，存活率高；反之，对羔羊的生长发育不利。因此，必须加强哺乳前期母羊的饲养管理，要增加混合精料的补饲量，合理搭配优质草料，补饲量应根据母羊体况及哺乳的羔羊数而定。产单羔的母羊每天补精料 0.3～0.5 千克，胡萝卜 1.5 千克，食盐 10 克，骨粉 5～10 克，青干草 1.0 千克，多汁饲料 1.5 千克。带双羔母羊每天补精料 0.5～0.7 千克，胡萝卜 1.5 千克，食盐 12 克，骨粉 10～15 克，青干草 1.5 千克，多汁饲料 2.0 千克。在产后 3 天内母羊只能喂一些优质干草，应少喂混合精料，以防出现消化不良和乳房炎，3 天后可饲喂少量的混合精料和多汁料，逐渐达到哺乳期的饲喂量，并在近距离草场放牧，使放牧、奶羔两不误，同时保证充足、清洁的饮水。在管理上要勤换垫料，勤清扫，保持羊舍清洁、干燥、通风。

在哺乳后期，母羊的泌乳量逐渐下降。此时羔羊的生长发育强度大、增重快，对营养物质的需求增多，单靠母乳已不能完全满足羔羊的营养需要。同时，2 月龄以上羔羊的胃肠功能已趋于完善，对母乳的依赖性下降，可以利用一定的优质青草和混合精料。对哺乳后期的母羊，应以放牧为主、补饲为辅，逐渐取消精料补饲，以补喂青干草代之。母羊的补饲水平要根据其体况作适当调整，体况差的多补，体况好的少补或不补。羔羊断奶后，可按体况对母羊重新组群，分别饲养，以提高补饲的针对性和补饲效果，促进母羊发情。

（4）繁殖母羊体况鉴定

在养羊生产中，随时评定繁殖母羊的体况是保证母羊发挥正常生产能力的主要措施。繁殖母羊体况鉴定可以采用 4 分制，体况以 3 分最为适宜。最好每月对基础母羊群进行一次体况评定，根据评定结果及时调整饲养方案。详细评分标准见表 6-1。

表 6-1　繁殖母羊体况评定标准

部位	1分（过瘦）	2分（瘦）	3分（适中）	4分（肥）
脊突	明显突出，呈尖峰状	突起分明，每个脊椎区分明显	突起不明显，呈圆形峰状	状呈圆形，双脊峰
尻部	狭窄，凹陷，骨骼外露	棱角分明，肉很少	稍圆，棱角不分明	丰满
尾部	瘦小，呈楔形	较小，不圆满	圆形，大小适中	大而丰满

5. 如何高效进行羔羊的饲养管理?

羔羊是指从出生至断奶（3～4 月龄）的羊羔，这一时期生长发育最快。此时的羔羊消化功能还不完善，对外界适应能力较差，必须做好精心饲养管理，把好羔羊培育关，提高羔羊成活率，重点把握以下 5 个环节。

（1）吃足初乳

羔羊出生后 1～3 天内，一定要吃足初乳。初乳对羔羊的生长发育和健康起着特殊而重要的作用。初乳呈黄色，浓稠，含丰富的蛋白质（17％～23％）、脂肪（9％～16％）、维生素、矿物质等营养物质和抗体，特别是富含具有轻泻作用的镁，可促进胎便的排除，对增强羔羊体质、抵抗疾病等具有重要的作用。若产羔母羊意外死亡，应设法让其吃其他母羊的初乳，对缺奶羔羊应用牛奶、奶粉和代乳品等补饲。人工哺乳应做到清洁卫生，定时、定量和定温，哺乳工具要求定期消毒，保持清洁卫生。

（2）哺喂常乳

羔羊吃上 3 天初乳后，一直到断奶是哺喂常乳阶段。此时要加强哺乳母羊的补饲，适当补喂精料和多汁饲料，保持母羊良好的营养状况，促进泌乳力，使其有足够的乳汁供应羔羊。在管理上要照顾初生羔羊吃好母乳，对一胎多羔羊要求均匀哺乳，防止强者吃得多，弱者吃得少。

（3）及早补饲

为了使羔羊生长发育更快，除吃足初乳和常乳外，还应尽早补饲，在羔羊出生 1 周后开始训练吃草料，给予鲜嫩的青草和一些细软的优质干草、叶片，亦可将草打成小捆，挂在羔羊能够吃到的架上，供羔羊随时舔食，这样不但使羔羊获得更完善的营养物质，还可以提早锻炼胃肠的消化功能，促进胃肠系统的健康发育，增强羔羊体质，同时可适量补充铜、铁等矿物质，避免发生贫血。待羔羊 3 周龄后，可随母羊在羊场附近适度放牧，4 周龄后逐渐转变为以采食为主，除哺乳、放牧采食外，可补给适量草料。

（4）适度放牧

羔羊适当运动可增强体质，提高抗病力。初生羔羊最初几天在圈内饲养，1 周后羔羊可在舍外日光充足的地方自由活动；3 周后可随母羊在地势平坦、背风向阳、牧草好的地方放牧，但不宜太远，以后逐渐增加放牧距离，对羔羊要慢赶慢行；4 周龄后，羔羊可编群放牧，放牧时间可随羔羊日龄的增加逐渐增加。在管理上要求不去低湿、松软的牧地放牧，因羔羊舔啃松土易得胃肠病，在低洼潮湿地易得寄生虫病。放牧时注意从小就训练羔羊听从口令，便于以后放牧，口令要固定、厉声，使它形成良好的条件反射。

（5）适时断奶

适时进行羔羊断奶，不仅有利于母羊恢复体况，准备发情配种，也能锻炼羔羊的独立生活能力。应根据羔羊生长发育情况科学断奶，发育正常的羔羊到3月龄左右已能采食大量牧草和饲料，具备了独立生活能力，可以断奶转为育成羊，瘦弱的羔羊断奶时间可适当延长。断奶后的羔羊留在原圈舍里，把母羊关入较远的羊舍，以免羔羊念母，影响采食。断奶应逐渐进行，一般经过4～5天后，断乳即可完成，这时把断奶羔羊按性别和体质分群饲养管理。

6. 育成羊如何饲养管理？

育成羊是指羔羊断奶后到第一次配种的青年羊，多指3～18月龄羊，又称后备羊。刚断奶的育成羊正处在早期发育阶段，其特点是生长发育快，营养物质需要量大。如果此期营养不良，就会影响其后期的生长发育，容易形成个头小、体重轻、四肢高、胸窄、躯干浅的体型，同时还会使被毛稀疏且品质不良、性成熟和体成熟推迟、不能按时配种，而影响其一生的生产性能，甚至失去种用价值。

育成羊的饲养管理，应按性别单独组群。夏秋季青草旺盛期应以放牧为主，并结合少量补饲。放牧时要注意训练头羊，控制好羊群，不能养成好游走、挑好草的不良习惯，放牧距离不可过远，控制游走，增加采草时间。除放牧采食外，还要保证有足够的青干草、青贮料。精料的补饲量应视草场状况及补饲粗饲料情况而定，一般每天喂混合精料0.2～0.4千克。由于公羊一般生长发育快，需要营养多，所以公羊要比母羊多喂些精料，同时还应注意对育成羊补饲矿物质，如钙、磷、盐及维生素A、维生素D。

7. 育肥羊如何饲养管理？

育肥是指在较短的时期内采用各种增膘方法，使肉羊达到适于屠宰的体况。根据肉用羊的年龄，育肥分为羔羊育肥和成年羊育肥。羔羊育肥是指1周岁以内的幼龄羊育肥。成年羊育肥是指成年羯羊和淘汰老弱母羊的育肥。

（1）育肥前的准备工作

①羊群整理。将不留作种用的断奶公羔和淘汰的成年老弱羊按年龄、性别、个体大小和强弱等分群育肥。

②公羊去势。去势羊屠宰后肉品质好，膻味小。去势后的羔羊应加强管理，保持圈舍干净卫生，以防感染。

③驱虫和药浴。不论是舍饲或放牧育肥，在育肥前对全部羊只实行一次体内外寄生虫驱除，以增进胃肠消化功能，提高育肥效果。

④供应清洁水。必须要有清洁的水源，育肥羊每天应饮 2～3 次清洁水，冬季最好供应温水。

⑤控制舍内温度。冬春寒冷季节，舍内保持干燥、清洁和温暖，防止贼风侵袭。夏、秋季温度不要超过 25℃，且保持舍内通风凉爽。

（2）山羊的育肥方式

山羊的育肥方式有放牧育肥、舍饲育肥和半放牧半舍饲育肥（混合育肥）3 种形式。在农区主要采用舍饲育肥的方式。

①放牧育肥。放牧育肥是我国有条件的地区常用的肉羊育肥方式。通过放牧让山羊采食各种牧草和灌木枝叶，以较少的人力物力获得较高的增重效果。放牧育肥的技术要点是：根据羊的种类和数量，充分利用天然草场牧草和灌木枝叶生长茂盛、营养丰富的时期进行放牧育肥。放牧时应按地形划分成若干小区实行分区轮牧，每个小区放牧 2～3 天后再转移到另一个小区放牧，使羊群能吃到新鲜的牧草和枝叶，同时促进牧草和灌木的再生，有利于提高产草量和利用率。放牧育肥的山羊要尽量延长每天放牧的时间，夏秋季节气温较高，要做到早出牧晚归牧，每天至少放牧 12 小时以上，甚至可以采用夜间放牧，让山羊充分采食，加快增重长膘。放牧过程尽量减少驱赶羊群，使羊能安静采食，减少体能消耗。中午气温过高时，可将羊群驱赶到背阴处休息。此时期雨水较多，牧草含水量多，干物质含量相对较少，为了提高育肥效果，缩短育肥时间，增加出栏体重，在后期应适当补饲精料，每天每只羊补饲混合精料 0.2～0.3 千克，补饲期约 1 个月，育肥效果明显提高。

②舍饲育肥。舍饲育肥就是把育肥羊关在圈舍内，喂以营养丰富的专用饲料，使羊只在短期内获得较快的增重，育肥期 2～3 个月。舍饲育肥是缺少放牧条件的农区常用的育肥方式，也是工厂化肉羊生产的主要方法，其优点是增重快、饲料转化率高、肉质好、经济效益高。舍饲育肥的关键是合理配制与利用育肥饲料，育肥饲料由青粗饲料、农副业加工副产品和精料补充料组成，常见饲料有干草、青草、树叶、农作物秸秆，各种糠、糟、油饼和食品加工糟渣等。育肥初期以青粗饲料为主，占日粮的 60%～70%，精料占 30%～40%；育肥后期要加大精料使用量，占日粮 60%～70%。为了提高饲料的消化率和利用率，各种饲料要进行必要的加工，秸秆饲料可进行微贮、氨化处理等，精料要进行粉碎混合，有条件的可加工成颗粒饲料。育肥过程中，青粗饲料要任羊自由采食，混合精料可分次饲喂。

③半放牧半舍饲结合育肥。放牧与补饲相结合的山羊育肥方式，这种方式既能利用现有的自然资源进行山羊的育肥，又可利用各种农副产品及部分精料进行后期催肥，既节省了饲料开支，又提高育肥效果。一些老残羊和瘦弱的羯

羊在秋末集中1~2个月舍饲育肥，利用粗饲料、农副产品和少许精料补饲催肥，也是一种提高羊只上市质量、成本较小、经济效益较高的育肥方式。

（3）育肥羊的管理技术

对育肥羊群要勤于观察，定期检查，及时发现伤、病羊，一旦羊群出现异常现象，应及时请兽医诊治。

圈舍、饲槽要定期清扫和消毒，保持羊舍清洁干燥、通风良好，保持圈舍安静，不要随意惊扰羊群，为育肥羊创造良好的生活环境。

圈舍最好铺垫一些秸秆、木屑或其他吸水材料。因为潮湿的圈舍和环境，易使羊发生寄生虫病。

不能饲喂霉变饲料，喂饲时避免拥挤、争食。饲槽长度要与羊数相称，给饲后应注意羊群采食情况，以吃完不剩为最理想。

8. 如何正确地进行山羊放牧？

山羊合群性好，自由采食能力强，喜欢游走，是适宜放牧为主的草食动物。放牧饲养必须遵守以草定畜的原则，在羊草相对平衡的前提下，合理地利用天然草场资源和保护生态环境，科学地使用放牧的方法和技术，有计划地组织放牧，就能获得良好的经济效益和生态效益。

（1）放牧方式和方法

目前我国山羊的放牧方式有固定放牧、围栏放牧和划区轮牧。

固定放牧就是将山羊一年四季固定在一个特定区域内自由放牧采食，不用围栏，让山羊自由采食天然牧草。这是一种粗放的经营管理方式，对草场利用和保护不利，载畜量低，单位草场面积提供的畜产品数量少。为了保护生态环境，该方式被逐步淘汰。

围栏放牧是根据放牧地的地形把牧场围起来，在一个围栏内，根据牧草的生长情况和山羊的营养需要，科学合理地安排一定数量的羊只进行放牧。该方式对科学合理利用和保护草场有重要作用，可提高围栏内一定的草产量，改善草的质量，保护生态环境。

划区轮牧就是根据草场的产草量和羊群的大小，把草场划分成若干个小区，在每个小区轮流放牧。划区轮牧能够使羊群充分地采食牧草，能够使牧草获得充足的生长时间，有利于牧草的恢复。实行划区轮牧，还可以使羊群的活动范围缩小，减少对牧草的践踏，这是一种先进的放牧方式，不仅能合理利用和保护草场，提高草场载畜量，减少羊只因游走而消耗的能量，有利于山羊的肥育，有利于牧地管理，同时可以有效防止寄生虫病的传播。

山羊放牧方法主要有领着放、赶着放、陪着放、栓放和牵放等，可因时因地任选其中一种或几种方法。

(2) 放牧技巧

①多吃少走。羊群采食的时间应多于游走的时间，减少体能消耗，以"走慢、少走、吃饱、吃好"为原则。山羊每天的采食时间为 6~8 小时，每个采食周期分为 3 个阶段：寻找采食目标植物阶段、快速采食阶段和采食目标植物的多样化阶段。山羊放牧管理的技巧就是及时发现线性采食量的减少，将羊群赶到植物种类繁多的新采食地点，争取短期内回到新一轮快速采食阶段。

②四勤三稳。放牧人员要做到腿勤、手勤、嘴勤、眼勤，多走路，多动手，随时吆喝，时常观察，以便时刻控制羊群，捡除有害杂物和有毒植物，及时发现病羊和观察母羊发情、产羔等情况，要做到稳住放牧、稳住饮水和稳住出入圈舍，保证羊只吃好吃饱，防止抢水呛肺和因拥挤而造成伤亡。

③"领挡"结合。就是用领羊和挡羊的方法，使羊群保持一定的队形，控制羊群慢走多吃。为了更好地控制羊群，平时要训练好领头羊。头羊一般用年龄较大、繁殖后代多的母羊，或选用行动敏捷、容易调教、记忆力好的羊。

④饮水与啖盐。饮水要以泉水、井水、流动河水为宜，切忌饮浑水、污水和死水。一般天凉时每天饮水 2~3 次，天热时每天饮 3~5 次。啖盐的方法是将盐直接拌入饲料中，用量占日粮干物质的 1%，成年母羊每天 5~8 克，公羊 8~10 克，或者将盐放入盐筒内或制成盐砖让山羊自由舔食。

(3) 四季放牧技术要领

放牧是一项复杂而细致的工作，应根据自然条件、季节、气候和品种等情况，因地制宜地灵活掌握，既要熟知羊群的习性，又要了解牧地牧草情况。

①春季放牧要领。春季气候极不稳定，忽冷忽热，乍暖还寒，正值牧草交替之际，刚长出的青草薄而稀，所谓"百草返青正换季，草嫩适口不易吃"，山羊疲于奔走找草，使部分瘦弱羊只更加瘦弱。另外，山羊过早啃食幼嫩牧草，将降低牧草的再生能力，破坏植被，降低产草量。此时的羊由于刚度过冬季乏草期，大都膘情差，体质较弱，有的母羊正处于怀孕后期或哺乳期，迫切需要较好的营养补充，放牧的任务是保羔复膘、补偿生长。

放牧应选择背风向阳、地势较干燥、牧草返青较早的阳坡地，要防止羊因受寒冷侵袭和潮湿所困而得病，要尽量控制放牧时间，晚出牧，早归牧，禁止羊只采食露水草，以防拉稀；要稳住羊群，防止山羊跑青，可以采取每天先到老草地放牧，让羊先吃些枯草，然后再到青草地放牧。要注意驱虫，勤垫羊圈，保持干燥卫生。放牧时应特别照顾好瘦弱羊只，适当补给精料。

②夏季放牧要领。经过春季放牧后，羊群体质逐渐得到恢复。但夏季气温较高，降水量多，炎热潮湿的气候不利其健康生长，应该防暑、防潮和防蚊

蝇。此时牧草生长好，正值开花期，营养价值高，是山羊壮膘的好时机。

放牧应选择气候凉爽、蚊蝇较少、牧草丰茂的坡地，上午放阳坡，下午放阴坡，中午在树阴下休息。放牧时应注意风向，上午顺风出牧、顶风归，下午顶风出牧、顺风归。生、熟草坡交替放牧，早上先放以前放牧过的熟草地，再放生草地让羊吃得更饱。在一天内采用不同的放牧手法，早上出牧用"一条龙"或"一条鞭"的方式，稳住羊群，拦住羊吃"回头草"，吃饱后让羊喝水，然后改成"满天星"的方式放牧，直到中午休息。

③秋季放牧要领。秋天气候适宜，蚊蝇减少，牧草丰茂，牧草开花结籽、营养丰富，有利于山羊抓膘和配种，秋季也是决定来年产羔好坏的重要季节。秋季放牧的重要任务是抓膘育肥，以利过冬。秋季又是山羊繁殖的重要季节，母羊膘情的好坏对繁殖率的影响很大，重点要做到抓膘、配种两不误。

秋季放牧的关键是多变换放牧地，哪里有草就到哪里放牧，使羊能够吃到多种杂草和草籽。要根据气候变化特点掌握放牧时间，早秋无霜时放牧要早出晚归，尽量延长放牧时间；晚秋有霜，最好晚出晚归，中午留牧不休息。秋季羊吃干草或草籽容易渴，每天饮水 2～3 次。夏秋之交，是牧草生长最旺盛的时候，要注意储备越冬草料。另外，大量的玉米秸秆、豆秆、地瓜藤和稻草等农作物秸秆，尽量制成青贮、微贮和氨化饲料。

④冬季放牧要领。冬季气候寒冷，常有风雪霜冻，已是百草枯萎、树叶凋落时期，放牧地有限，草畜矛盾突出。冬天放牧的主要任务是备足草料，防寒保暖，保膘保胎。

冬季应选择背风向阳、地势较低的丘陵、山沟或林间放牧，实行全天放牧，做到晚出晚归，晴天远牧，阴天近牧，尽量做到每天将羊赶出走一走。妊娠母羊放牧的前进速度宜慢，注意保胎，做到出门不拥挤，途中不急行，不走陡坡，不跳深沟，不吃霜草和发霉的草料；晚上酌情补草补料。尽量在羊舍附近适当划出草场，以便气候变化时放牧和供瘦弱羊只利用。

9. 山羊常规管理技术包括哪些内容？

山羊的常规管理技术包括编号、抓羊、保定羊和导羊前进、去角、羔羊去势、修蹄及蹄病防治和药浴等。

（1）编号

为便于识别羊只、测定羊的生长发育和生产性能指标及山羊育种工作中进行选种选配的需要，需对羊群按照一定的规律进行个体编号。编号方法主要有耳标法、剪耳法、墨刺法和烙字法。当前生产上采用较多的是耳标法，耳标用塑料或铝制成，有圆形和长方形两种，常用圆形的比较牢靠，用特制的钢字把号数打在耳标上，或用特制的笔写上。耳标用来记载羊只的个体号，从其编号可以反映出羊的品种、出生年份、性别、单双羔及个体编号，通常佩戴在羊的左耳基部。耳标上可打场号、年号和个体号。个体号一般用单数代表公羊，双数代表母羊，总字数不超过8位数，以利于资料的计算机管理。

打孔前要用碘酒对羊耳进行充分消毒，用打孔钳打孔时，注意避开耳朵上大的血管，且最好避开炎热的夏季操作。佩戴耳标后，注意看护，加强管理，发现溃烂时要及时治疗，脱落后要及时补号。生产上可通过佩带不同颜色塑料耳标的方法来区别不同的等级或世代数等信息。

（2）抓羊、保定和导羊前进

在进行个体品质鉴定、称重、配种、防疫、检疫和销售羊只时，都需要进行抓羊、保定羊和导羊前进等操作。在抓羊时要尽量缩小其活动范围，抓羊的动作，一要快、二要准，趁其不备，迅速抓住山羊的后肋，因为肋部皮肤松弛、柔软，容易抓住，又不会使羊受伤，其他部位不能随意乱抓以免伤害羊体。保定羊时，一般用两腿把羊颈夹在中间，抵住羊的肩部，使其不能前进，也不能后退，以便对羊只进行各种处理。保定人也可站在羊的一侧，一手扶颈或下颌，一手扶住羊的后臀即可。抓住羊后，当需要移动羊时就必须导羊前进，方法是一手扶在羊的颈下部，以掌握前进方向，另一手在尾根处搔痒，羊即短距离前进。生产上要注意羊的性情倔强，切忌扳角或抱头硬拉。

（3）去角

对于有角山羊品种来说，剪角是一项很重要的管理措施，可以防止争斗时致伤，一般在出生后4～10天进行去角手术。方法是将羊羔侧卧保定，用手摸到角基部，剪去角基部羊毛，在角基部周围抹上凡士林，以保护周围皮肤；然后将苛性钠（氢氧化钠）棒一端用纸包好，作为手柄，另一端在角的基部旋转摩擦，直到见有微量出血为止。摩擦时要注意时间不能太长，位置要准确，摩擦面与角基范围大小相同，术后敷上消炎止血粉。羔羊去角后半天内不应让其接近母羊，以免苛性钠烧伤母羊乳房。

（4）羔羊去势

为了提高羊群品质，对不留种用的公羊都应去势。公羊去势后性情温顺，便于管理，易于育肥。去势的方法通常有结扎法、刀切法、去势钳法和化学去势法4种。对于出生1周的羔羊可用结扎法，即将睾丸挤于阴囊内，用橡皮筋在阴囊基部连同阴囊皮扎紧，阻断阴囊睾丸的血液循环，约2周后，阴囊睾丸因断绝血液供给而坏死脱落，此法去势比较安全。对于稍大一些的小公羊或成年公羊则要采用手术去势。方法是先将术部阴囊上的毛剪掉，用3%苯酚溶液或碘酊消毒，然后左手握住阴囊根部，将睾丸挤向底部，右手用消毒过的刀在阴囊底部切开一口，约为阴囊长度的 1/3，以能挤出睾丸为宜，切开后把睾丸连同精索一起挤出撕断。较大的公羊必要时结扎精索以防止过度出血造成死亡。摘除睾丸后，在切口内撒消炎粉，并涂碘酊消毒。去势后的最初几天，应经常检查伤口，如有红肿发炎现象，要及时加以处理。去势羔羊要放在干净圈舍内，保持干燥，不要急于放牧，以防运动过量引起出血。

（5）修蹄及蹄病防治

在养羊生产中，除了搞好饲养管理和四季放牧外，每年还要进行 1～2 次修蹄工作。羊的蹄甲也和其他器官一样，生长较快，如不整修，易成畸形，使羊行走困难，影响羊只采食，还会引起腐蹄病、四肢变形等疾病，对其生长发育和健康极为不利。修蹄对种公羊更为重要，因为蹄不好会影响运动，从而减少精液量和降低精液品质，有的甚至失去配种能力。

修蹄最好在多雨潮湿的季节进行，因雨水多，草地和牧场潮湿，其蹄甲也变得柔软，有利于修剪。修蹄的操作方法很简单，先将羊只保定好，用果园整枝用的剪刀去掉蹄底污物后，用修蹄刀把过长的蹄甲削掉。蹄子周围的角质修得与蹄底接近平齐即可，并且要把羊蹄子修成椭圆形，但不要削剪过度，以免损伤蹄肉，造成流血或引起感染。如果已经变形的蹄子，需要经过几次修蹄才能完全矫正。修蹄时不可操之过急，一旦发现出血，可用烧烙法止血。刚修蹄后的几天，最好在比较平坦的草地上和牧场上放牧，待其蹄甲稍增生后再到丘陵或山区放牧。

（6）药浴

药浴是防治山羊体外寄生虫病的一种简单而有效的方法，是山羊饲养管理中的一个重要环节，为保证山羊健康生长发育，保持较高的生产性能，应定期进行药浴。羊只每年至少应进行两次药浴，一次在春季进行，另一次在夏末秋初进行，每一次药浴最好间隔 7～10 天重复 1 次，以巩固效果。药浴方法常见的有池浴、淋浴和盆浴 3 种。

药浴应选择高效、低毒、安全的药物，常用的药浴液有 0.1%～0.2% 杀虫脒溶液、0.05%～0.08% 辛硫磷溶液和 0.5% 敌百虫溶液等。此外，还有溴氰菊酯、石硫合剂、二甲苯胺脒、双甲脒和螨净等。

10. 药浴有哪些注意事项？

（1）药浴应选择在晴朗、暖和、无风或微风的天气，在有阳光的上午进行，阴雨天、大风天或气温降低时尽量不要药浴，以免羊只受凉感冒。

（2）药浴液的温度一般以 20～25℃ 为宜。

（3）羊群药浴前 8 小时禁饲禁牧，使羊得到充分休息。药浴前 2～3 小时给羊充分饮水，以免羊因口渴饮食药液而中毒。

（4）为保证药浴安全有效，应先对少数羊进行试浴，无中毒现象、确认安全时，再进行大批药浴。对出现中毒症状的羊只，应及时解毒抢救。

（5）每只羊的药浴时间为2～3分钟。药浴时，必须有专人用木棍把羊头按入药液中2～3次，充分洗浴头部。

（6）药浴液应现用现配，先药浴健康羊，后药浴病弱羊。药液不足时，应及时添加同浓度药液。

（7）药浴后，待羊只身体上的药液自然晾干，方可放牧或饲喂。

（8）病羊、小羔羊、妊娠3个月以上的母羊及受伤羊只禁止药浴。

（9）操作人员应做好自身安全防护工作，要戴橡胶手套，以防止药液浸蚀手臂。

11. 当前肉羊生产的关键技术有哪些?

当前养羊业存在的主要问题是出栏羔羊体重较轻，屠宰率低，胴体品质差，不能满足消费者的需求。因此，如何生产出胴体大、品质好的羔羊以适应消费者的要求，是目前肉羊产业亟待解决的问题。

（1）推行杂交一代

在生产实践中许多养羊户不注重品种改良，饲养品种多为个体较小、生长速度慢、生产性能低的当地土种羊，养羊效益较低。而杂交一代羔羊常表现出生长发育快、早熟性能好、产肉多等优点。因此，引入良种和地方品种杂交生产二元杂交肥羔，当年出栏，这样既利用了杂种优势，也保存了当地品种的优良特性，同时也提高了产羔率。

早熟、多胎、多产是肥羔生产集约化、专业化、工厂化的一个重要条件。利用外国肉羊品种或国内优良品种的公羊与各地地方品种母羊进行杂交，杂种后代的生长速度、饲料利用率往往超过双亲品种，因此，选用这些杂交羊作为育肥羊，育肥效果好。

（2）确定合适时间集中配种

在8月底将公羊放入母羊群中进行诱情，可促进母羊集中发情和配种，从而在翌年2月集中产羔，5月份羔羊断奶刚好吃上青草，便于分群管理。

①同期发情。同期发情是现代羔羊生产中一项重要的繁殖技术。利用激素使母羊同时发情，可使配种、产羔时间集中，有利于羊群抓膘、管理，还有利于发挥人工授精的优势，扩大优秀种公羊的利用率。

②早期配种。母羊传统配种年龄是1～1.5岁。只要草料充足，营养全面，母羊可在6～8月龄时早期配种。母羊初配年龄大大提前，从而延长了母羊的

使用年限，缩短了世代间隔，提高了终身繁殖力。研究证明，早期配种不但不会影响自身的发育，妊娠后所产生的黄体酮还有助于母体自身的生长发育。

③诱发分娩。在母羊妊娠末期，一般到 144 日龄后，用激素诱发提前分娩，使产羔时间集中，有利于大规模批量生产与周转，方便管理。

（3）选择好育肥羊

①羔羊。一般羔羊早期断奶育肥效果比常规断奶好。羔羊 7～8 周龄，母乳已不能满足羔羊的营养需要，一般 7 周龄时羔羊开始反刍，已经具备从草料中获取营养的能力。因此，羔羊以 7～8 周龄断奶育肥较为适宜。羔羊性成熟前，公羊育肥增长速度比羯羊和母羊快，未去势的羔羊生产瘦肉多，因此公羔育肥效果最好。养殖场可以选择 20～25 千克的公羔羊进行育肥。

②成年羊。选择成年羊强度育肥时，年龄不宜太大。年龄太大的羊，不仅增重速度慢，而且饲料报酬也低，因为饲料中的营养成分有很大一部分要用于羊的维持需要。

第七章　羔羊培育与肉羊育肥

1. 如何做好羔羊的接产工作?

只有保质、保量地做好每一批羔羊的接产工作,降低羔羊的死亡率,使其健康生长发育,才能保证后续的繁育、育肥出栏等工作顺利进行,从而不断提高羊场的生产效益。

(1) 接产前的准备工作

①制定产羔计划。根据配种日期、个体状态编制产羔预计进度表和绘制产羔曲线。产羔曲线的绘制方法是,以横坐标为日期(单位为天),纵坐标为当日产羔预计数,将每一个时间和产羔数交叉点用线连接起来即为产羔曲线图。

②临产母羊的饲养管理。临产前母羊行动不便,最好能单独分圈管理,精心护理,特别是严格控制进出圈舍门的速度,以防相互挤压而出现流产。如果母羊膘肥体壮,产前 15 天应减少精料的供应量,在产前 7 天停止供给精料,以防胎儿过大而出现难产。应多准备些多汁饲料,供产后母羊补饲,促进母羊乳汁分泌。

③建立产房。如果母羊群具备一定规模,应建有产房,一般可将临近羊舍改建成产房。产羔前 3~5 天把产房打扫干净,墙壁和地面用 4％氢氧化钠或 2％~3％甲酚皂溶液(来苏儿)消毒,在产羔期间还应消毒 2~3 次。产羔期间要尽量保持恒温和干燥,一般维持舍内温度 25℃左右,湿度 50％~55％为宜,并铺上干净垫草。另外,准备一暖室或数个保温箱,用于初生弱羔保温。

④人员准备。安排有责任感并具有接产经验的接产人员昼夜值班,巡回检查,发现进入产前的母羊,及时接产。提高羔羊的成活率,关键就在对产后羔羊的精心照料及对弱羔的重点照顾。

⑤备好用具和药品。一是备好消毒药品,即准备好两种以上常用的场地消毒剂及用于脐带、断尾消毒的消毒剂(如碘酒、酒精)、脱脂棉、消毒纱布等;二是备好常用接产用具和药品,主要包括脸盆、毛巾、肥皂、抹布、火炉、打号工具、针管、产羔记录纸、奶粉、奶瓶、水料槽、高锰酸钾粉、来苏儿、葡萄糖粉、破伤风抗毒素、"三联苗"等,并备好台秤、记录笔等。有条件的羊

场可备好用于剖宫产的外科手术器械，以便难产时进行手术。

（2）正常接产

母羊在分娩前数小时会表现不安，频频转头和起卧，常用四肢刨地，并发出鸣叫声；排尿次数增多，回头顾腹，寻找安静的角落伏卧于地，四肢努责伸直；乳房胀大，乳头直立，用手可挤出少量黄色初乳；阴门肿胀，有液体流出，骨盆韧带松弛。

剪去临产母羊乳房周围和后肢内侧的毛，以免妨碍初生羔羊哺乳及羔羊吃下脏毛。用温水洗净乳房，并挤出几滴乳，再将母羊的尾根、外阴部、肛门洗净，用1％的来苏儿消毒。

母羊分娩时，由羊膜和绒毛膜形成的白色半透明的囊状物突出于阴门，膜内有羊水和胎儿。羊膜、绒毛膜破裂后排出羊水，随后将胎儿产出。胎儿从显露到产出体外的时间为0.5～2小时，产双羔时先后间隔5～30分钟，胎儿产出时间一般不会超过3小时，如果时间过长，则可能胎儿胎位不正常形成难产。正常分娩的经产母羊，在羊膜破后10～30分钟羔羊即能顺利产出。当所有的羔羊产出后，盛装羊水的胚泡也随即排出体外，产后大约3小时排出胎衣，5～6天排净恶露。

胎儿从母羊产道正常产出的姿势一般是两前肢和头部先出，若先看到前肢，接着是嘴和鼻，即是正常胎位。头露出来后，即可顺利产出，不必助产。少数后肢先出，这时要立即进行人工接产，动作要快，否则极易出现胎儿窒息死亡。这两种姿势都算是正常产出的胎势，只要产道不狭窄，胎儿不是过大，均能正常产出。如果有的母羊产后仍有疼痛和努责症状，可能会产多羔。但应注意随着羔数增多，母羊会疲惫不堪，更需要助产。

羔羊产出后应迅速将其口、鼻、耳中的黏液抠出，以免引起呼吸困难而窒息死亡，或者黏液吸入气管引起异物性肺炎。羔羊身上的黏液必须让母羊舔净，如母羊不舔，可在羔羊身上撒些精饲料或麸皮，促使其舔净。如天气寒冷，则用干净布或干草迅速将羔羊身体擦干，避免受凉。

羔羊出生后，一般母羊站起，脐带自然断裂，这时在脐带断端涂5％碘酒消毒。如脐带未断，可在离脐带基部6～10厘米处将内部血液向两边挤，然后在此处剪断，涂抹浓碘酒消毒。不论哪种方式断脐，都应用5％碘酒对断脐处进行消毒，并立即注射破伤风抗毒素1支。之后对羔羊进行称重，做好记录。稍等片刻后，将母羊的乳房用温水清洗，挤出最初几滴初乳，1小时内辅助羔羊吃上初乳，并在2～3小时内观察羔羊是否排出胎粪。

2. 母羊分娩时容易出现哪些问题？应如何进行处理？

（1）难产及助产

初产母羊要适时予以助产。在母羊羊水流出 20 分钟后仍不见羔羊产出，也不见母羊努责，即应进行助产。一般当羔羊嘴露出阴门后，手用力捏挤母羊尾根部，羔羊头部就会被挤出，同时用手拉住羔羊的两前肢顺势向后下方轻拖，羔羊即可产出。阴道狭窄、子宫颈狭窄、母羊阵缩及努责微弱、胎儿过大、产道畸形、胎儿畸形及胎位不正；两前肢先出，但头部向后仰起；两前肢只出一肢，另一肢伸向后方；两前肢先出，但头部向下或向侧弯向后方；两肢露出阴道，但前肢关节卷曲于产道内；臀尾露于阴道内，两后肢向前伸展等均可引起难产。

助产的方法主要是判断胎儿姿势，然后进行矫正，待胎位正常后，拉出胎羔。助产员要剪短、磨光指甲，洗净手臂并消毒、涂抹润滑剂。先将母羊阴门撑大，把胎儿的两前肢拉出来再送进去，重复 3～4 次矫正姿势；然后一手拉前肢，一手扶头，配合母羊的努责，慢慢向后下方拉出，注意不要用力过猛，以防损伤产道。刺激阴道壁或掏出胎儿时，手指不能向母羊椎骨方向用力，以免造成母羊大动脉破裂引起死亡。难产的情况很多，可视具体情况而做相应处理，确实难产的可施行剖宫产。

（2）假死羔羊救治

有些羔羊产出后，心脏虽然跳动，但没有呼吸，称为"假死"。抢救假死羔羊，首先应把羔羊呼吸道内的黏液、羊水清除掉，擦净鼻孔，向鼻孔吹气或进行人工呼吸。可以把羔羊放在前低后高的地方仰卧，手握前肢，反复前后屈伸，轻轻拍打胸部两侧，或提起羔羊两后肢，使羔羊悬空并拍击其背、胸部，使堵塞咽喉的黏液流出，并刺激肺呼吸。

（3）"冻僵"羔羊救治

早春天气寒冷，对临产母羊观察不仔细或放牧过远，都可能造成母羊在室外产羔。羔羊产下后停止呼吸，周身冰凉，称之为"冻僵"羔羊。这时应迅速将羔羊移入暖室进行温水浴，水温由 38℃逐渐升到 42℃，水浴时间以 20～30 分钟为宜。洗浴时，手握前肢，将羔羊头部露出水面，避免其呛水，用手轻轻拍打羔羊胸部两侧，使其苏醒。还可使羔羊头部下垂，左右摇晃的同时拍打其胸背部，让堵塞咽喉的黏液流出，使其复苏。但有的羔羊因受冻时间过长，舌头吐露于嘴外，身体明显发凉，救活的难度较大。

（4）胎盘排出

山羊的胎盘通常是分娩后 2～4 小时排出，排出时间一般需要 0.5～8 小时，但不能超过 12 小时，否则容易引起子宫炎等疾病。

3. 新生羔羊护理需要把握哪几个关键点？

初生羔羊体质较弱，适应能力低，抵抗力差，容易发病。随着集约化养羊产业的起步，舍饲方式和季节性集中繁育制度正在逐步兴起，羔羊生产密度加大，产羔季节相对集中。所以，有必要深入了解羔羊饲养管理的基本知识，加强护理，保证其成活及健壮，以便为提供量多质优的后备种羊和育肥羊奠定坚实的基础。

（1）吃好初乳

初乳含有丰富的营养物质，容易被消化吸收，还含有较多的抗体，能抑制消化道内病菌繁殖，同时还具有轻泻作用，吃足量的初乳，有利于胎便的排出。因此羔羊出生后，吃初乳时间越早越好，且要吃够，否则羔羊抗病力低，胎粪排出困难，易发病，甚至死亡。

羔羊出生后，一般十几分钟即可站起，寻找母羊乳头。第 1 次哺乳应在接产人员护理下进行，使羔羊尽早吃到初乳。羔羊吃完初乳后，最好将母仔放在单独的圈内饲养 1～2 天，此期间特别注意观察羔羊的哺乳情况，保证每 2 小时能吃足一次奶。如果母羊恋羔性差，则强迫其对羔羊哺乳，直至主动接受羔羊哺乳。

（2）羔舍保温

初生羔羊体温调节功能不完善，血液中缺乏免疫抗体，消化功能弱，肠道适应性差，被毛稀而湿，皮肤又薄，抗病和抗寒能力差，此时如果羔舍温度过低，会使羔羊体内能量消耗过多，导致体温下降，影响羔羊的健康和正常发育，造成羔羊感冒，并很容易诱发肺炎造成死亡。因此，做好保温工作是保证羔羊成活的重要措施。羔羊产出后一般置于 35～37℃的环境温度下比较适宜，羊床应干燥柔软。同时要注意，过高的环境温度同样不利于羔羊成活。

（3）代乳或人工哺乳

一胎多羔、产羔母羊死亡或母羊无乳等原因，造成羔羊缺奶，应及时采取代乳或人工哺乳，可将产羔后羔羊死亡或同期生产的单产母羊作为保姆羊。羊的嗅觉灵敏，开始时不让代乳羔羊吃奶，要在羔羊的头顶、耳根、尾部涂上保姆羊的胎液、乳汁，再将保姆羊与羔羊圈在单栏中单独饲喂 3～7 天，直到认羔为止。此法适用于 5～10 日龄羔羊的代乳。

如果找不到保姆羊，则应实行人工哺乳。建议选择新鲜牛奶补给缺奶羔羊，但应注意 10 日龄以内的羔羊不宜补喂牛奶。人工哺乳应定温、定量、定时，并保证牛奶质量，特别注意的是应保证牛奶温度在 38℃左右，否则容易引发腹泻。人工哺乳在羔羊少时可用奶瓶，多时用哺乳器。使用牛奶、羊奶应先煮沸消毒。

（4）弱羔的饲喂

可以挤健康母羊的初乳喂给弱羔。如果母羊乳头过大，要人工辅助弱羔吃奶，并放置在 35～37℃ 的暖室护理。待羔羊能独立吃奶时，放入母羊小圈观察几天，直至羔羊健壮，再放入大群饲养。

（5）疫病防控

羔羊的疫病防控应从怀孕母羊抓起，即在母羊怀孕 4 个月左右、羔羊出生 7 天内分别进行三联四防苗的接种，可有效防止羔羊痢疾、羊肠毒血症等疾病的发生。在羔羊出生后立即进行破伤风抗毒素苗的接种。羔羊采食后，还应定期对羔羊料槽、水槽进行消毒，消毒的次数依气温而定，气温较高时，细菌、病毒繁殖加快，消毒间隔时间缩短，反之则适当延长。此外，用不同消毒剂对产房、圈舍、用具进行喷洒消毒。在给羔羊打耳标时，对耳标、钳等均应用 75% 酒精进行消毒。

（6）防止毛团堵塞

初生羔羊在圈舍中，因采食或异嗜而将羊毛吃进胃中，日积月累，最终导致羊毛互相缠绕成团，堵塞消化道，引起死亡。可以从以下几方面来预防毛团堵塞：羔羊吃奶前，将母羊乳头四周的羊毛剪净，以防误食；将羊圈内及四周散落的羊毛用耙子处理干净，用火烧掉；保持羔羊营养平衡，防止异嗜病的发生；适当延长羔羊在圈外放牧的时间；撒些饲料，或用软树枝、青草等引诱羔羊采食，转移兴趣。

（7）做好产羔记录

羔羊生后 3 天，及时给其打上耳标，并填写好记录。分娩记录包括产羔日期、产羔母羊号、单双羔情况、羔羊毛色、初生重、健康状态、与配公羊号等。

在羔羊饲养过程中，只要坚持做到"三早"（早喂初乳、早开食、早断奶）和"三查"（查食欲、查精神、查粪便），就能有效地提高羔羊的成活率和培育质量。

4．如何科学地护理产后母羊？

妊娠母羊产羔后，体力消耗大，抵抗疾病的能力下降，此时应注意保温、防潮、避风、防止感冒，最好单独饮豆浆水、小米粥等，以利催乳，恢复体力。精料补饲标准应有所提高，每天每只母羊补饲精料 0.4～0.45 千克、优质多汁饲草 4～5 千克。产后几天母羊可以不随群放牧，以利于培养母仔感情。

5. 为什么要进行羔羊早期断奶?

羔羊早期断奶是指将羔羊哺乳期由正常的 90 天左右缩短到 40～60 天,利用羔羊在 4 月龄内生长速度最快这一特性,将早期断奶后的羔羊进行强度育肥,充分发挥其饲料利用率高的优势,在较短时间内达到预期育肥的目标。

早期断奶技术能够提高母羊的繁殖潜力,缩短世代间隔,同时可以降低养殖成本,加快羔羊的生长速度。当前我国养羊业,羔羊一般在 3～4 月龄断奶,母羊一般两年三胎或三年五胎,难以达到一年两胎的水平。究其原因就是由于羔羊断奶时间晚,导致母羊促乳素分泌水平较高,抑制雌激素的分泌,从而推迟母羊的发情时间,造成母羊发情配种时间较晚。同时,母羊哺乳期延长,造成体力无法提前恢复,延长了配种周期,降低了母羊繁殖力。因此,羔羊早期断奶技术的推广应用非常必要。

6. 羔羊早期断奶的理论依据是什么?

(1) 母羊哺乳期泌乳规律

母羊产后 72 小时内的乳汁称为初乳。初乳具有多种免疫活性因子,能够提高羔羊的抗病力,同时具有轻泻作用,促进羔羊胎粪的排出。因此,必须保证羔羊吃好吃足初乳。产后 2～4 周母羊达到泌乳高峰,3 周内泌乳量相当于泌乳周期泌乳总量的 75%。此后,泌乳量明显下降,到 9～12 周后,泌乳量仅能满足羔羊营养需要的 5%～10%。

(2) 羔羊消化系统发育规律

羔羊出生至 3 周龄为无反刍阶段,4～8 周龄为过渡阶段,8 周龄以后为反刍阶段。3 周龄内羔羊基本以母乳为营养来源,其消化是由皱胃承担,消化规律与单胃动物相似。之后羔羊开始消化植物性饲料,瘤胃开始发育。当生长到 7 周龄时,麦芽糖酶的活性逐渐增强,8 周龄时胰脂肪酶的活力达到最高水平,瘤胃得到充分发育,此时羔羊能采食和消化大量植物性饲料。

7. 羔羊早期断奶技术主要包含哪些内容?

羔羊早期断奶并不是简单的早期母仔分离,在实施过程中它需要胎儿期的培育、产羔护理、早期补饲、断奶方法、防疫保健、饲养管理、饲料配合等方面的相关技术来支撑。

(1) 胎儿期

提供体质健壮、发育良好的羔羊,必须从胎儿期就开始培育,使其得到充分发育,出生后强度生长,快速发育,从而给早期断奶打好基础,因此加强胎儿期培育十分重要。

胎儿期培育一般从母羊怀孕后期的 2 个月开始，每天给妊娠母羊补饲混合日粮 0.5 千克。混合日粮可以参考怀孕母羊饲养标准，结合当地饲草料资源进行配制。

除补饲混合饲粮外，还应补饲优质青干草和食盐、骨粉等。青干草一般每只羊每天补饲 1.0～1.5 千克。全舍饲时每天每只羊给予的混合日粮应增加到 1.0～1.25 千克。以先粗后精、少量勤添的原则给饲。

禁止饲喂发霉、腐烂、变质和冰冻饲料。

母羊孕后期在出牧、归牧、饮水、补饲时，一定要慢和稳，防止其受挤、奔跑、呛水、跨深沟、跳高坎，不可无故捕捉、惊吓羊群，以免引起流产。

(2) 初乳期（出生至第 3 天）

初乳含有丰富的营养物质和免疫抗体，具有独特的生物学功能，是初生羔羊不可缺少的保健食品。初乳期一般为 3 天，不能间断，羔羊吃初乳越早越好，首次喂初乳最好在产羔后 1 小时内。第一次喂奶前，先用 0.05% 的高锰酸钾溶液或淡盐水将母羊乳房乳头洗干净，挤出少许乳汁弃掉，然后由人工辅助吃奶，也可自由吸吮，每天 4～6 次。对于弱羔，应将母乳挤到它的口内。有的初产母羊不愿意哺乳，就要强行驯化它按时喂奶，经过几次反复后就可自行奶羔；对于产期相近的羔羊，如羔羊数太悬殊，可找保姆羊代哺，用异母初乳哺喂多产羔羊。

(3) 常乳期（4～60 日龄）

常乳是母羊产羔 4 天以后至干奶期以前所分泌的乳汁，它是一种营养完全的食品。羔羊在最初的 1 个月内生长快，营养需要多，但消化能力弱，不能大量采食草料，基本上以母乳为主要食物。但要早开食，早训练吃草料，以促进前胃发育，增加营养来源。一般从 10 日龄起，将幼嫩青草捆成小把吊于空中，让小羊自由挑拣选吃。从 15 日龄开始调教吃料，方法是将炒香的豆类磨碎，加入数滴羊奶，用温开水拌成糊状，盛于饲料盘内让羊自由舔食，或用小勺塞于羊口内或抹于羊嘴唇上，每天 20 克左右，2～4 天就可学会采食。随着羔羊日龄的增加，以及采食兴趣和采食技巧的提高，草料量要缓慢增加，逐步将开食料换成混合料。羔羊出生 2 周后，可随母羊放牧，在羊圈内要设置专用补饲间。

(4) 过渡期（61～90 日龄）

这一时期，羔羊日粮组成与 40～60 日龄相比有较大的区别，一方面母乳高峰期即将过去，另一方面所需营养越来越多，应逐步由奶、草并重转向以草料为主、哺乳为辅，饲料要多样化，注意日粮的营养水平和全价性，将青干草、青贮料、多汁饲料等合理搭配使用。

8. 如何合理地进行代乳料饲喂?

早期断奶的羔羊由于其消化功能尚未完全成熟,因此,必须采用易消化的代乳料逐步进行过渡。具体操作方法如下:

代乳料分流体料、湿拌料、干粉料 3 种。流体料使用前以 1∶3 的比例加入纯净水搅匀成糊状灌入奶瓶给饲,湿拌料加水至手捏成团不出水为宜。

从 20 日龄开始训练羔羊吮吸流体代乳料并减少母乳吮吸次数,至 30 日龄改喂湿拌料,35 日龄后逐渐改喂干粉料至 40 日龄断奶。

开始训练补喂代乳料的最初几天,应使用奶瓶进行人工辅助哺乳喂养,喂饮时奶瓶的仰角不应超过 30°,尽量让羔羊自己吮吸吃料,必要时可以强制授乳,但不能硬灌,以防呛乳。

断奶羔羊体格较小,瘤胃体积有限,瘤胃乳头尚未发育,瘤胃收缩的肌肉组织也未发育,未建立起微生物种群,微生物的合成作用尚不完备。粗饲料过多,营养跟不上;精料过多则缺乏饱腹感,因此精粗料比以 8∶2 为宜。羔羊处于发育时期,要求的蛋白质、能量水平高,矿物质和维生素要全面。试验表明日粮中微量元素含量不足时,羔羊有吃土、舔墙现象。因此,不论是代乳料、开食料,还是早期的补料,必须根据羔羊消化生理特点及正常生长发育对营养物质的要求,在保证质量尽量接近母乳的情况下,一要日粮具有较好的适口性,保证吃够数量,易消化吸收;二要营养好,保证羔羊生长发育需要的营养,特别是能量和蛋白质;三要成本低廉。

颗粒饲料体积小,营养浓度大,非常适合饲喂羔羊。实践证明颗粒料比粉料能提高饲料报酬 5%～10%,且适口性好,羊喜欢采食。生产上在开展早期断奶强度育肥时都应采用颗粒饲料。另外,颗粒饲料良好的流动性和输送特性对于商品化的反刍动物饲料生产非常重要。

给羔羊补饲代乳料时要做到少给勤添,定时、定量、定温,流体料的温度应保持在 37℃左右。人工哺乳务必做到清洁卫生,哺乳用具应定期消毒,保持清洁,以避免羔羊通过消化道感染病菌。

9. 断奶羔羊的饲养管理工作有哪些?

(1) 断奶羔羊饲养管理

羔羊哺乳期间,一定要供给充足的饮水。初生羔羊应该供饮温水,以防羔羊拉稀。羔羊达 30 日龄以上时宜母仔分开放牧,以利于增重、抓膘和预防寄生虫病的传播。

采取逐步断奶法，开始时羔羊在入夜前脱离母羊，然后白天隔离半天，最后全天母仔分开。羔羊断奶一般从体格大和体质强的个体开始，陆续断奶，经过1～2周后全部断奶。

断奶后的羔羊应单独组群，按照性别、体重和强弱进行分群饲养管理。白天放牧，早晚补饲，4月龄后可根据牧草生长情况逐渐减少补饲量。牧草生长旺盛的秋季，可以只放牧不补饲。严冬枯草期采用放牧加补饲的饲养方式。断奶后的羔羊期是早期生长发育的旺盛时期，放牧时应选用牧草生长好的草场，早出牧，晚归牧，中午多休息，有条件时夜间补饲一些优质鲜嫩的青草。

断奶羔羊正处于生长发育最快的时期，如果饲养不好，将会影响终生。除夏秋季牧草生长旺盛期抓好放牧外，冬春枯草期要加强补饲，平均每只羊补饲精饲料0.3～0.4千克、优质青干草0.8～1.0千克。

（2）卫生保健

根据断奶羔羊整群和移圈的具体情况，对暖棚和圈舍的地面、设施、墙壁、用具及圈舍四周，用3％～5％的来苏儿、10％～20％的石灰乳溶液或其他消毒药水进行定期和不定期消毒。羔羊舍应经常保持清洁、干燥、温暖、勤换垫草，密闭式暖棚羊舍还应注意通风换气。

为了预防白肌病，对5～6日龄的羔羊注射亚硒酸钠。在分群前10～15天要注射四联苗或五联苗、传染性胸膜肺炎疫苗和山羊痘疫苗等，以免发生疫情。

羔羊要进行体内外驱虫工作。春秋两季选用0.05％辛硫磷乳油或0.05％蝇毒磷乳剂进行药浴，间隔1周后可用相同方法再药浴1次，以增强药浴效果，防止体外寄生虫病发生。同时选用丙硫苯咪唑按15～20毫克/千克口服，或按200国际单位/千克皮下注射阿维菌素，或按300毫克/千克灌服虫克星，以预防羊只体内寄生虫病的发生。

10. 育肥肉羊通常分成哪几类？

现代肉羊生产的基本要求是在较短时间内，以最低的生产成本获得量多质好的羊肉。鉴于市场对羊肉的消费主要在秋冬季，生产上应做好生产规划，推行羔羊当年肥育、当年屠宰，在牧草旺盛时加强饲养，抓好育肥，降低成本，提高养羊经济效益。

肉羊常用育肥方法有放牧育肥、混合育肥和舍饲育肥。但不论哪种育肥方式，根据肥育后山羊的屠宰年龄不同，通常将肉羊分成肥羔、羔羊和大羊。

（1）肥羔生产

6月龄以下经育肥的羊称为肥羔。选用肉用性能好的羔羊，经强度育肥，在 4～6 月龄屠宰，胴体重达 15～20 千克。羔羊生长发育快，从生后到 2 月龄日增重可达 180～230 克，2～10 月龄可达 100～150 克，饲料转化率也高，可达（3～4）：1，而成年羊为（6～8）：1。对植物性蛋白质利用效率较高，比成年羊高出 0.5～1.0 倍。饲养肥羔生产周期短，产品率高，成本低。

这种羊肉纤维柔软，细嫩多汁，脂肪适量，胆固醇含量低，营养丰富，味道鲜美，且易消化，目前市场上极为畅销，价格比大羊肉高 30%～50%。

（2）羔羊生产

主要体现在当年羔羊当年屠宰，年龄一般在 1 岁以内。羔羊屠宰前活重 35～40 千克，胴体重 15～20 千克。羔羊当年屠宰，加快了羊群周转，缩短了生产周期，提高了出栏率和出肉率，减轻了越冬度春的人力和物力的消耗，避免了冬季掉膘、甚至死亡的损失，降低了饲养成本，可获得更高的经济效益。且 6～9 月龄羔羊所产的毛、皮价格高，在生产羔肉的同时，又可生产优质毛皮。

（3）大羊育肥

挑选羊群中丧失繁殖能力或准备淘汰的公、母羊进行育肥，年龄一般都在 1 岁以上。主要目的是为了在短期内增加膘度，使其迅速达到上市标准。育肥方式除放牧外，宜用高能量的精料补饲的混合育肥方式，经 45 天左右育肥出栏。大羊育肥，如遇到枯草期或无法放牧的情况，应当采取全舍饲和高强度饲喂的方法进行育肥。

11. 生产上肉羊有哪些育肥方式？

选择合适的育肥方式，应根据草料资源状况、品种特性、资金状况及基础设施等条件来确定。

（1）放牧育肥

放牧育肥是利用天然草场、人工草场或秋茬地放牧抓膘的一种育肥方式。在 5～10 月份选择质量较好的草场放牧，此时牧草丰茂、结实，羊采食后上膘快，至 11 月份，羊体肥硕膘满时可屠宰。放牧育肥的关键是水、牧草、盐缺一不可，如果放牧管理不当，就会影响育肥的效果。同时，草场质量的好坏，也对育肥效果影响较大。放牧后期尽量选择好的草场放牧，最后阶段在优质草场或秋茬地放牧。

这是最经济的育肥方法，也是我国牧区和农牧区传统的育肥方法。其优点是成本低和效益相对较高，但要求必须有较好的草场；缺点是羊肉味不如其他育肥方式好，且常常要受到自然因素变化的干扰。放牧育肥一定要保证每羊每天采食的青草量，羔羊达到 4 千克以上，大羊达到 7 千克以上。

（2）舍饲育肥

舍饲育肥是在舍饲饲养条件下，充分利用农作物秸秆、干草及农副产品，并按饲养标准配制日粮，在较短的育肥期间供给羊只充足的营养物质，达到快速催肥的一种育肥方式。舍饲通常为 75～100 天，在良好的饲养管理条件下，增重可达 10～15 千克。

舍饲育肥的精料可以占到日粮的 45%～60%，对羔羊育肥最佳方法是使用含 60%～70% 粗饲料（其中 10%～20% 的秸秆）和 30%～40% 精料的颗粒料，由羊自由采食，最好能将草料配合在一起，加工成颗粒料进行投喂。但随着精料比例的增高和羊只育肥强度的加大，要注意预防营养代谢性疾病（肠毒血症、尿结石症等）的发生。

舍饲育肥方式的好处是受环境条件影响较小，生产效率及经济效益比混合育肥和放牧育肥高，如舍饲育肥羊的增重、出栏活重和屠宰后胴体重均比放牧育肥高 10%～20%，育肥羊在 30～60 天的育肥期内就可以达到上市标准，比其他育肥方式所需要的时间短。这是国内外肉羊生产特别是肥羔生产所采用的主要方式。此法虽然饲料的投入相对较高，但可按照市场的需要实行大规模、集约化、工厂化养羊生产。

（3）混合育肥

混合育肥是放牧与舍饲相结合的育肥方式，即在放牧基础上补饲一定的精料，既能充分利用牧草的生长季节，又可取得一定的强度育肥效果，缩短羊肉生产周期，增加肉羊出栏量、出肉量。放牧加补饲的育肥羊群统一管理，每天放牧 7～9 小时，同时分早、晚 2 次补饲精料，精料由玉米、饼类、麦麸、食盐、尿素等组成，另补充矿物质添加剂。粗饲料主要利用农副产品，如秸秆、地瓜秧和花生秧等。精料每天投喂量为 0.2～0.4 千克，粗饲料不限量。

混合育肥可使育肥羊在整个育肥期内的增重，比单纯依靠放牧育肥提高 5% 左右，同时屠宰后羊肉的味道也好。因此，只要条件允许，可以采用混合育肥的方法来育肥羊。

混合育肥方式同样依赖于放牧条件，亦受季节的影响，可在有放牧条件的农区、山区、半农半牧区进行，是目前我国普遍采用的一种肉羊育肥方式。实践证明，改变传统饲养方式，在放牧的基础上结合补饲育肥，是提高当年羔羊产肉率、出栏率的一项有效措施。

12. 肉羊育肥前应做哪些准备工作？

肉羊育肥前，要做好去角、去势、分群、驱虫、药浴、卫生和称重等基本准备工作。

（1）对山羊进行健康检查，无病者方可进行育肥。

（2）羊群按年龄、性别和品种分类组群进行育肥。

（3）对羊只进行驱虫、药浴、去角、修蹄和防疫注射。驱虫的目的是减少寄生虫对机体的不利影响。育肥羔羊一般要驱虫 2 次，第一次在断奶后 20 天，第二次在断奶后 2 个月。为驱除羊只体外寄生虫，预防疥癣等皮肤病的发生，每年要进行 1～2 次药浴。

（4）对 8 月龄以上的公羊进行去势，去势后的公羔性情温顺，管理方便，节省饲料，肉质细嫩，且膻味小。而对 8 月龄以下的公羊不必去势，因为不去势公羊比阉羔出栏体重更高，且出栏日龄提前 15 天左右。

（5）对羊进行称重，以便与育肥结束时的体重进行比较，检验育肥的效果和效益，为下次育肥提供经验。

13. 如何高效地实施肉羊育肥生产？

（1）肥羔生产技术

肥羔生产分为舍饲生产方式和放牧加补饲方式。为了生产优质肥羔，生产上一般采用全舍饲生产方式。其技术要领如下：

①配制日粮。根据试验，肥羔生产最适饲料配方为：玉米 61%、麸皮 10%、鱼粉 2%、豆粕 25%、石灰石粉 1.4%、食盐 0.5%、维生素和微量元素 0.1%。其中维生素和微量元素的添加量按 1 千克饲料计算：维生素 A、维生素 D、维生素 E 分别是 5000、1000 和 20 国际单位，硫酸锌 150 毫克，硫酸锰 80 毫克，氧化镁 200 毫克，硫酸钴 5 毫克，碘化钾 1 毫克。

②饲喂方法。20～30 日龄，每只羔羊精料日喂量为 50～70 克，31～60 日龄为 100～150 克，61～90 日龄为 200 克，91～120 日龄为 250 克，每日分 2 次补喂，粗饲料应为优质牧草，如苜蓿等。饲槽应放在较合适的高度，并随羔羊日龄的增长而逐渐垫高。在圈内应放置舔砖，或者添设盐槽，槽内放入食盐或食盐加等量的石灰石粉，让羔羊自由采食。饮水器或水槽内始终保证有清洁的饮水。

③管理技术。对羔羊进行隔栏补饲，及早锻炼采食植物性饲料的能力。适时早期断奶，用于肥羔生产的羔羊，可以在 42～60 日龄断奶。保证断奶前后饲料的相对稳定，变更日粮种类时要逐渐过渡。

（2）当年羔羊育肥技术

当年羔羊育肥是我国肉羊生产的主要形式，是提高肉羊产量和养羊生产效率的有效途径。按照组织形式和技术体系的不同，可以分为放牧补饲育肥、舍饲育肥和全放牧育肥 3 种方式。其技术要领如下：

①预饲期。育肥由放牧转为全舍饲，要有 10～15 天的预饲期。第 1～3 天只喂干草，目的是让羔羊适应新的环境，从第 3 天起逐步增加精料，其过渡日粮配方：玉米粒 40%、干草 50%、糖蜜 5%、菜籽饼 4%、食盐 1%。

②日粮类型。正式育肥期一般为 60～90 天，日粮类型通常分为 3 种。

精料型日粮：仅适用于体重较大的健壮羔羊肥育，如始重 35 千克左右，经 40～55 天的强度育肥，出栏体重达到 48～50 千克。

青贮饲料型日粮：此类型日粮以青贮饲料为主，仅适用于育肥期在 80 天以上的体小羔羊。日粮配方：碎玉米粒 29.0%，青贮玉米 65.5%，豆饼 5.0%，钙粉 0.5%，维生素 A 和维生素 D 分别为 1100 和 1200 国际单位。

粗饲料型日粮：羔羊舍饲育肥大都采用此类型日粮。日粮配方：玉米粒 60%、干草 37.5%、豆饼 1.5%，维生素和矿物质适量。

③管理要点。舍饲育肥开始时，应对羊只进行剪毛、药浴、驱虫和注射相应的疫苗。每天补喂矿物质和盐化舔砖，保证羔羊正常生长。每天给羊只供应充足的清洁水，保持羊圈和四周环境的清洁卫生，做到定期消毒。

（3）成年羊育肥技术

成年羊主要的育肥方式有放牧与补饲育肥、舍饲育肥和混合育肥 3 种。成年羊舍饲育肥技术要领如下：

①粗饲料应该多样化，适口性好。混合精料应始终占舍饲日粮的 35% 以上，保证每只羊日喂精料在 0.4 千克以上，并合理使用非蛋白氮（尿素）资源。

②羊舍要求冬暖夏凉，地面干燥，南方地区应尽量建造高床漏缝羊舍。

③肥育羊入圈前进行分群、称重、注射疫苗和驱虫。圈内设有足够的水槽和料槽。

④一般育肥 75～100 天即可上市。

在推行舍饲育肥方式时，要注意控制好场内外环境，搞好消毒防病工作。要保持羊群适当的户外自由运动或强制运动，必要时也可适当放牧。

14. 肉羊常用高效育肥添加剂有哪些？

（1）复合饲料添加剂

复合饲料添加剂是由微量元素（铁、铜、锰、锌、硒）、瘤胃代谢调节剂、生长促进剂等组成，适用于当年羊及淘汰公羊、老弱成年羊育肥。据试验，放牧羊补喂混合料育肥 90 天，平均日增重 137 克，能显著提高育肥效果及经济效益，缩短育肥期，节约饲料。具体用法是每只羊每天使用 2.5～3.3 克，均匀混于混合精料中饲喂。

（2）瘤胃素

瘤胃素又名莫能菌素钠，是不同链霉菌株产生的一类特殊抗生素，其中以莫能菌素应用较为广泛。其作用是减少瘤胃中甲烷的产生，增加瘤胃蛋白数量，控制和提高瘤胃发酵效率，从而提高肉羊的增重速度及饲料转化率。瘤胃素以饲料添加剂的形式均匀拌入饲料饲喂，每千克日粮添加瘤胃素 25～30 毫克，用量要先少后多或根据日粮组成适当调整。

（3）尿素

山羊可以利用非蛋白氮中的氮元素，尿素属于非蛋白氮中的一种，其目的是补充饲料中蛋白质不足。按 1.5％～2.0％ 比例拌合于精料，每天饲喂的数量占羊体重的 0.02％～0.03％，即成年母羊日喂量 10～15 克，6 月龄以上青年羊 6～8 克。首次喂量只能按规定量的 10％ 喂给，逐渐增加，10～15 天后可达到规定量。为防止尿素中毒，尿素不可单独饲喂，也不可溶于水中饮用，且喂后 60 分钟内不要饮水。病羊、弱羊少喂或不喂，万一发现中毒羊只，用 0.5％ 的食醋 200～500 毫升或 1～2 千克酸奶灌服即可解救。

（4）中草药添加剂

中草药添加剂含有多种微量养分和免疫活性因子，且富含动物生长发育所必需的氨基酸、维生素及微量元素，能增强机体新陈代谢，促进蛋白质的合成，从而具有促进动物生长发育、防治疾病、增强机体抵抗力、提高饲料利用率及安全经济实惠等特点，而且低毒、无副作用、无残留，目前在畜牧生产中的应用越来越广泛。对山羊而言，无须分离提纯天然的中草药，仅需进行合理组方和科学使用，便能发挥其营养和药理的综合效应。

（5）磷酸脲

其商品名为牛羊乐。可为反刍动物补充氮和磷，是一种新型的非蛋白氮饲料添加剂，能促进羊的生理代谢，增强对氮、磷、钙的吸收。与尿素相比，在瘤胃中的水解速度明显降低，使用时安全性更高。据试验，平均体重 14.5 千克的育成羊，每日每只添加 10 克磷酸脲，平均日增重可提高 26.7％。

（6）杆菌肽锌

杆菌肽锌是由芽胞杆菌产生的多肽类抗生素，制成锌盐以保障其干燥状态下的稳定性。杆菌肽锌盐为淡黄色至淡棕黄色粉末，无臭，味苦，稳定性好，在室温下保存 3 年效价不变。混于饲料中室温保存 8 周后，效价仍可达到 90％。羔羊用量为每千克混合料中添加 10～20 毫克，混合均匀后饲喂。

杆菌肽锌对革兰阳性菌有强大的抗菌力，对阴性菌、螺旋体、放线菌也有效，无药物残留，毒性低；对畜禽有促生长作用，有利于养分在肠道内的消化吸收，改善饲料利用率，提高增重效果。

（7）喹乙醇

喹乙醇为合成抗菌剂，浅黄色结晶性粉末，无臭、味苦，性质相当稳定，能与矿物质元素和多种常用饲料添加剂混合配制成预混料。革兰阳性菌和革兰阴性菌对喹乙醇都很敏感。喹乙醇主要通过抑制肠道有害菌、保护有益菌，进而提高畜禽对饲料的消化利用率，同时还能影响机体代谢，具有促进蛋白质吸收的作用，使体内氮沉积增加，促进生长，提高饲料转化率。喹乙醇进入体内主要通过肾脏在 24 小时内几乎全部排出体外，毒性低，副作用小。羔羊每千克日粮干物质添加量为 50～80 毫克，均匀混合于饲料内饲喂。

（8）缓冲剂

常用的缓冲剂有碳酸氢钠和氧化镁。添加缓冲剂的目的是改善瘤胃内环境，有利于微生物的生长繁殖，可增强蛋白酶在瘤胃中的合成，减缓饲料营养成分的降解速度。肉羊强度育肥时，精料量增多，粗饲料减少，瘤胃内会形成过多的酸性物质，影响羊的食欲，并使瘤胃微生物区系被抑制，对饲料的消化能力减弱。添加缓冲剂，可增加瘤胃内碱性物质的蓄积，中和酸性物质，促进食欲，提高饲料的消化率和羊的增重速度。

碳酸氢钠的添加量占日粮干物质的 0.7%～1.0%，氧化镁的添加量为日粮干物质的 0.03%～0.05%。添加缓冲剂时应由少到多，使羊有一个适应过程。碳酸氢钠和氧化镁同时添加，效果更好。

（9）酶制剂

酶是活体细胞产生的具有特殊催化能力的蛋白质，是一种生物催化剂，对饲料养分消化起重要作用。它们可促进蛋白质、脂肪、淀粉和纤维素的水解，提高饲料利用率，促进动物生长。如饲料中添加纤维素酶，可提高羊对纤维素的分解能力，使纤维素得到充分利用。

（10）二氢吡啶

二氢吡啶能溶于热乙醇，微溶于水，易氧化，无毒无味的淡黄色粉末结晶。其作用是抑制脂类化合物的过氧化过程，对生物膜起到保护作用，稳定生物体内的细胞组织，兼有天然抗氧化剂维生素 E 的某些功能，可作为各种动植物油的抗氧化剂、胡萝卜素和维生素 A 的稳定剂，从而促进生产性能的发挥。二氢吡啶的添加量为山羊日粮的 0.01%。

第八章　山羊疫病防控技术

1. 疫病综合防治措施主要有哪些内容?

山羊疫病的防治应遵守"预防为主、治疗为辅"的原则,平时要加强羊群的饲养管理,做好环境卫生和重视消毒工作;种羊引进时要做好检疫检验和隔离饲养工作;应科学合理进行羊群的疫苗免疫接种工作;坚持定期驱虫等综合性防治措施。

（1）加强饲养管理

山羊的日常管理依不同的地域及不同山羊的品种、年龄和性别而有所不同。在以放牧为主的地区,尽量推行划区轮牧制度,提高草场利用率,减少羊群感染寄生虫的机会。冬季枯草季节和梅雨季节,在自然放牧的情况下,应人工种植牧草进行适当的补饲。在雨水和露水较多的季节,羊群宜午后放牧。严格控制养殖环境,避免过冷、过热、通风不良、有害气体浓度过高等不良环境条件的影响。禁止饲喂霉变饲料,防止中毒。

（2）做好环境卫生与消毒

加强环境卫生工作,减少病原微生物和寄生虫虫卵的滋生、传播,对山羊的粪便应及时清除并堆积发酵;羊舍内的羊床、用具和周边环境要经常消毒,并保持羊舍的清洁和干燥;应建立切实可行的环境卫生消毒制度,定期对羊舍、地面土壤、粪便、污水和皮毛等进行常规消毒。

羊舍是羊群日常居住的场所,极易受粪便和尿液的污染,也极易传播多种疾病。平时预防性的消毒为春秋两季各1次,每次消毒之前需要将羊舍的粪尿清理干净,然后使用消毒药（常用酚制剂或醛制剂）喷洒,要求喷湿为止（每平方米要用1升稀释后的消毒水）。消毒时先喷洒地面,再喷洒墙壁和天花板,最后打开门窗通风,并用清水清洗饲槽、水槽,除去羊舍内异味。在进行羊舍消毒时,羊舍附近的运动场及有关用具也要一并消毒。在遇到羊群有传染病时或周边地区有传染病时,要增加羊舍的消毒次数和密度,必要时也可选择醛类或季铵盐类消毒药进行带羊消毒。

（3）做好疫苗的免疫接种工作

①山羊疫苗的种类。山羊疫苗的种类较多，其中常用的有羊痘鸡胚化弱毒苗、羊口疮弱毒细胞冻干苗、羊肺疫菌苗、羊快疫—猝狙—肠毒血症三联苗、羊链球菌苗、羔羊痢疾菌苗、山羊传染性胸膜肺炎氢氧化铝苗及羊口蹄疫疫苗等。

②山羊常用疫苗的免疫程序。不同地区、不同品种、不同日龄羊的免疫方法和免疫程序不尽相同，应根据羊群实际情况进行免疫接种，其中危害较大的几种传染病疫苗一定要做，如山羊痘鸡胚化弱毒苗，每年应免疫 1～2 次，每只皮下注射 0.5 毫升或尾部皮内注射 0.2 毫升；羊口蹄疫疫苗，每年的春季和秋季应分别注射 1 次，每次 2～3 毫升；山羊的传染性胸膜肺炎疫苗，每年注射 1 次，每只肌注 3～5 毫升。此外应根据本地区或本羊场常发的疾病增加免疫相应疾病的疫苗。

③疫苗使用注意事项。羊群接种疫苗时要求健康、正常，否则不但不能产生应有的免疫保护作用，而且可能产生严重的副作用（如怀孕母羊流产、羊只出现食欲不振，严重时可导致死亡）。有些疫苗（如羊痘疫苗）在免疫后几天要禁止使用抗病毒药物，有些弱毒苗、活疫苗在免疫后几天要禁止使用抗菌药物，否则会影响和干扰疫苗的免疫效果。需要免疫 2 种疫苗时必须间隔 10 天以上，对怀孕母羊免疫时动作要轻，注射疫苗后如出现过敏反应可使用肾上腺素或地塞米松解救。

（4）完善检疫检验与隔离制度

羊群应以自繁自养为主，必要从外地引进种羊时，必须了解供羊单位或地区的疫病流行情况，只能从无疫病流行地区购种羊，同时必须有当地动物检疫部门出具的产地检疫证明。种羊引进后应隔离观察 1 个月以上，在隔离期间派专人饲养管理，观察羊群采食、饮水、运动等状况，应用广谱驱虫药进行驱虫，按羊场的免疫程序进行疫苗接种。经过 1 个月以上的隔离饲养，确定健康的羊才能与原羊群混养。

（5）及时杀虫、灭鼠

杀灭媒介昆虫蚊、蝇、蜱、虱和鼠类，在消灭传染源、切断传播途径、阻止疫病的流行、保障人和动物健康等方面具有重要的意义。常用的灭鼠方法有生态学灭鼠、器械灭鼠和药物灭鼠，目前应用较多的是药物灭鼠，按照灭鼠药物进入鼠体的途径又可分为经口灭鼠药和熏蒸灭鼠药两类。

灭蚊蝇工作要从治理羊舍周围环境卫生入手，要平整坑洼地面，排出积水，铲除杂草并随时清理掉场所的羊粪便和污物，破坏蚊、蝇、蜱的繁育环境。可定期使用一些低毒农药（如菊酯类、敌百虫、辛硫磷等）对羊舍及周围环境进行喷洒，以杀灭蚊、蝇、蜱的成虫和幼虫。

（6）药物预防和定期驱虫

有目的、有计划地对羊群使用药物进行预防和治疗是羊病综合防治的措施之一，尤其在疫病流行季节之前或流行初期，将安全、广谱和有效的药物加入饲料或饮水中，可收到事半功倍的效果。但应注意不要长期使用同一种药物，以免产生抗药性，同时也应注意间歇给药，避免药物在羊体内积蓄过量，产生毒副作用。

在生产上对羊群要进行定期驱虫，应根据当地羊寄生虫病发生情况来确定驱虫药物的种类、剂量和频次等。如在南方，经常在河边、溪边吃水草的羊易感染羊片形吸虫病，那么每隔 2～3 个月要驱虫 1 次，所选的药物以肝蛭净、丙硫苯咪唑等为主；在山区丘陵地带放牧的山羊易感染捻转血矛线虫等线虫病，那么每隔 2～3 个月要驱虫 1 次，所选的药物以丙硫苯咪唑、左旋咪唑等驱虫药为主；蜱、虱、蝇及疥螨、痒螨等体外寄生虫感染较严重的羊群，每年要定期使用溴氰菊酯、氰戊菊酯、敌百虫等药物进行药浴或喷淋。

2. 羊群发病后要采取哪些控制措施？

（1）及时确诊

羊群一旦发病，应立即请兽医、技术人员进行全面检查，尽快确诊，并积极寻找发病的原因，及时治疗，以免延误治疗的最佳时机，导致病情恶化。如果确诊为传染性疾病，应迅速采取隔离和封锁措施，防止疫病扩散。

（2）隔离和封锁

隔离是将患病羊、可能患病的羊分别控制在有利于防疫和饲养管理的独立环境中进行饲养、防疫处理，以达到将疫病控制在最小的范围内，减少疫病扩散机会的方法。应该对患病羊所在的羊群进行全面检查，将羊群划分为患病羊群、疑似感染羊群和可能健康羊群，不同的羊群采取不同的处理措施。封锁是指羊场内发生一类疫病或外来疫病时，为了防止疫病扩散而采取的隔离、扑杀、销毁、消毒、紧急免疫接种等强制性措施。要遵循"早、快、严、小"的原则，做到早发现，早采取措施；快封锁，快隔离；严格执行各种防疫措施；尽量把疫情控制在最小范围内。

（3）严格消毒

对患病羊所在的圈舍、用具、牧地及羊群接触过的场地和物品进行严格消毒。对患病羊的隔离舍每天进行多次消毒，对羊舍和患病羊群活动的区域应进行彻底消毒，羊舍地面和墙壁、饲槽等可用氢氧化钠、漂白粉、氧化钙（生石灰）来消毒；羊体消毒可用癸甲溴铵（百毒杀）、苯扎溴铵（新洁尔灭）等。

消毒时所用消毒液要足量，尽量让地面完全湿透。目前常用的消毒液有 2%～4% 的氢氧化钠、10%～20% 的苯酚（石炭酸）、5% 的来苏儿和 20% 的草木灰等。如被病羊的分泌物、排泄物等污染的面积不大，则可用消毒液泼洒污染地面，进行局部消毒即可。

3. 山羊有哪些常用药物？其用法、用量及注意事项是什么？

药物名称	临床应用	用法	用量	备注
青霉素 G 钠（钾）	用于治疗炭疽病、链球菌病、气管炎、支气管肺炎、乳腺炎和创伤感染等	肌注	2 万～3 万国际单位/千克	每天 2 次
硫酸链霉素	用于治疗结核病、炭疽病、羔羊肺炎、布氏杆菌病，以及肠道、泌尿道感染等	肌注	10～15 毫克/千克	每天 2 次
红霉素	临床使用青霉素治疗呼吸道感染无效时可选用本品，也用于治疗泌尿道感染、羊传染性胸膜肺炎及败血症等	内服	20～40 毫克/千克	每天 2 次
		肌注	2～3 毫克/千克	
庆大霉素	用于治疗呼吸道、消化道、泌尿道感染及乳腺炎、坏死性皮炎、败血症等	肌注	2～4 毫克/千克	每天 2～3 次
卡那霉素	作用与链霉素相似，抗菌力略强于链霉素	肌注	10～15 毫克/千克	每天 2 次
多西环素（强力霉素）	广谱抑菌剂，高浓度时具杀菌作用，用于治疗立克次体病、支原体病和衣原体病等	内服	2～5 毫克/千克	每天 1 次
		肌注	1～3 毫克/千克	
泰乐霉素	对支原体的作用很强，主要用于治疗呼吸道炎症、羊传染性胸膜肺炎等	肌注	8～10 毫克/千克	每天 2 次
		内服	20～40 毫克/千克	
痢菌净	广谱抗菌药，对多种革兰阴性菌有较强的抑制作用，用于细菌性腹泻	肌注	2～5 毫克/千克	每天 1～2 次
氟苯尼考	广谱抗菌药，用于治疗呼吸道、消化道感染等	内服	20～25 毫克/千克	每天 1 次
诺氟沙星（氟哌酸）	抗菌药，用于治疗泌尿系统、呼吸道系统感染等	肌注	7～10 毫克/千克	每天 2 次

药物名称	临床应用	用法	用量	备注
恩诺沙星	用于治疗呼吸道、消化道、泌尿道感染	肌注	2~4毫克/千克	每天2次
氧氟沙星	广谱抗菌药，对多种革兰阴性菌有较强的抑制作用，抗菌作用优于氟哌酸	肌注	2~3毫克/千克	每天2次
磺胺嘧啶（SD）	抗菌消炎药，用于消化道感染、呼吸道感染、腹膜炎、乳腺炎、败血症、巴氏杆菌病、脑部细菌性感染、炭疽病及弓形虫病等	内服	首次150~200毫克/千克，维持量100毫克/千克	每天2次
		肌注	70~100毫克/千克	
磺胺间甲氧嘧啶（SMM）	长效磺胺药，用于消化道感染、呼吸道感染、乳腺炎、败血症、巴氏杆菌病、脑部细菌性感染等	内服	首次100毫克/千克，维持量70毫克/千克	每天1~2次
呋喃唑酮（痢特灵）	抗菌消炎药，用于治疗痢疾和各种肠道感染	内服	2~5毫克/千克	每天2~3次
新胂凡纳明（914）	用于治疗传染性胸膜肺炎、大叶性肺炎等	静注	10毫克/千克	每天1~2次
黄芪多糖注射液	用于治疗各类病毒感染引起的高热病和无名高烧、发热，以及病毒、细菌引起的恶性交叉混合感染等	肌注	0.1~0.2毫升/千克	每天1次
复方氨基比林	解热镇痛药，用于治疗发热性疾病、消炎、抗风湿等	肌注	5~10毫升/次	每天1~2次
葡萄糖注射液	用于重病、久病、体质虚弱的病羊以补充能量，治疗低血糖症、营养不良等	静注	10~50克/次	
碳酸氢钠注射液	用于缓解酸中毒、高钾血症、中毒性休克及增强机体抵抗力	静注	2~6克/次	静注时滴速要慢
氯化钠	用于低钠症、脱水、严重腹泻，提高渗透压，促进肠胃蠕动等	内服	5~10克/次	
		静注	200~500毫升/次	静注时滴速要慢

续表

药物名称	临床应用	用法	用量	备注
龙胆酊	健胃药，增加胃液分泌，用于消化不良、食欲不振等	内服	10～15毫升/次	每天1次
人工盐	用于治疗消化不良、肠胃蠕动迟缓、便秘等	内服	10～50克/次	不能与酸类药物合用
鱼石脂	用于治疗瘤胃膨胀、前胃迟缓、胃肠胀气及大肠便秘等	内服	2～5克/次	每天1～2次
纤维素酶	用于前胃迟缓、瘤胃膨胀、便秘等	内服	100～150克/次	每天1次
硫酸钠	用于消化不良、瘤胃积食、便秘、排除肠内毒素等	内服	3～10克/次	每天1～2次
硫酸镁	内服小剂量，健胃；大剂量，泻下利胆。抗厥，用于膈肌痉挛，缓解破伤风的肌肉强直症状等	内服	5～10克/次	健胃用量
		静注	40～100克/次	静注用量
石蜡油	用于小肠阻塞、瘤胃积食及便秘等	内服	100～300毫升/次	
药用炭	用于治疗腹泻、肠炎、毒物中毒等	内服	10～25克/次	每天2～3次
高岭土	用于治疗羔羊的腹泻病	内服	10～30克/次	
氨茶碱	可使支气管扩张，用于治疗痉挛性支气管炎、喘息等	肌注	0.25～0.5克/次	
黄体酮	用于安胎、保胎或母羊的同期发情等	肌注	15～30毫克/次	
催产素	用于母羊分娩无力、催产、引产、止血、加速子宫复原	肌注	10～50单位/次	
雌二醇	用于母羊子宫体收缩、子宫颈松弛，促进炎症产物、脓肿、胎衣或死胎排出	肌注	1～3毫克/次	
地塞米松	用于羊妊娠毒血症、抗炎、抗过敏、抗风湿等	肌注	5～10毫克/次	

药物名称	临床应用	用法	用量	备注
硫酸铜	用于羊铜缺乏症引起的贫血、骨生长不良、发育不良，也可用于治疗绦虫病等	内服	25～30毫克/次	
维生素E	防治维生素E缺乏症、白肌病，以及骨骼肌、心肌萎缩变性	肌注	0.1～0.5克/次	每天1次
维生素C	防治坏血病，用于解毒、风湿病、各种感染、贫血等	肌注	0.2～0.5克/次	每天2次
亚硒酸钠	用于防治羔羊白肌病	肌注	1～2毫克/次	
高锰酸钾	配制成0.1%液体可用于治疗急性肠胃炎和腹泻	内服	0.5～0.8克/次	
盐酸左旋咪唑	用于驱除胃肠道线虫、肺线虫和肾虫等	肌注	6～10毫克/千克	
敌百虫	驱虫范围广，对羊体内外寄生虫都有杀灭作用，用于驱除肠道线虫和蛔虫等	内服	50～70毫克/千克	
丙硫苯咪唑	广谱驱虫药，可以驱除胃肠道各种线虫、肺线虫、肝片吸虫和绦虫等	内服	10～15毫克/千克	
吡喹酮	抗血吸虫和绦虫药，用于驱除羊血吸虫及双腔吸虫等	内服	50～80毫克/千克	
氯硝柳胺（灭绦灵）	对多种绦虫有效，用于驱除莫尼茨绦虫、前后盘吸虫等	内服	50～80毫克/千克	
阿维菌素	广谱驱虫药，对多种体外寄生虫如螨、蜱和虱及多种线虫有驱杀作用	内服	0.2～0.5毫克/千克	
硝氯酚	用于驱除羊肝片吸虫，高效、低毒、安全	内服	30～40毫克/千克	
硫氯酚（别丁）	用于驱除羊绦虫、肝片吸虫、前后盘吸虫等	内服	80～100毫克/千克	
血虫净（贝尼尔）	高效、低毒、使用安全，用于治疗羊附红细胞体病	肌注	7～10毫克/千克	连用2～3天

续表

药物名称	临床应用	用法	用量	备注
灭虫丁粉	用于驱杀各种胃肠道线虫及螨、蜱和虱等体外寄生虫	口服	0.2～0.4克/千克	
水合氯醛	麻醉药，也可用作疝痛、破伤风、脑炎、膀胱痉挛、子宫脱垂的治疗	静注	0.15～0.20克/千克	
		内服	2～4克/次	
硫酸阿托品	用于解除平滑肌痉挛、肠痉挛，抑制腺体分泌，有机磷中毒的解毒等	皮下注射	1～2毫克/千克	
碘解磷定	主要用于有机磷农药中毒的解毒	静注	15～30毫克/千克	应和阿托品同用
亚甲蓝（美蓝）	常用的亚硝酸盐解毒剂	静注	5～10毫克/千克	

4. 羊场有哪些常用消毒剂？其用法、用量及注意事项是什么？

药物名称	临床应用	用法	用量	备注
苯酚（石炭酸）	可杀灭细菌的繁殖体和真菌，用于器械、环境消毒	外用	2%～5%溶液	禁止用于皮肤消毒
甲酚皂溶液（来苏儿）	杀菌作用强，用于皮肤、创面、器械以及圈舍、环境消毒	外用	3%～5%溶液	
复合酚（消毒灵）	广谱高效消毒剂，可杀灭细菌、病毒、霉菌和多种寄生虫卵	外用	0.3%～0.5%溶液	
鱼石脂	外用能消肿，促进组织化脓和肉芽生长，用于治疗慢性皮炎、蜂窝织炎等	外用	10%～50%软膏	
乙醇（酒精）	用于皮肤及小件器械消毒	外用	70%～75%溶液	
醋酸（乙酸）	防腐药，用于冲洗阴道，洗涤口腔、感染创口等	外用	0.5%～2%溶液	
硼酸	用于皮肤、黏膜的防腐药	外用	2%～4%溶液	
漂白粉	在酸性条件下作用强，能杀灭细菌、芽胞、病毒等	外用	5%～20%溶液	

续表

药物名称	临床应用	用法	用量	备注
甲醛	广谱高效消毒剂，刺激性强，对细菌、芽胞、病毒和霉菌都有效，用于环境消毒及保存标本等	熏蒸消毒	每立方米 20 毫升加等量水溶液	密闭门窗10～12 小时
氢氧化钠	广谱高效消毒剂，对细菌的繁殖体、芽胞、病毒均有杀灭作用	外用	2％溶液	环境消毒
			5％溶液	炭疽芽胞消毒
氧化钙（生石灰）	对细菌的繁殖体有一定的杀灭作用，对芽胞无效，用于圈舍消毒	外用	10％～20％溶液	
高锰酸钾（PP 粉）	用于洗涤化脓创面、溃疡面，以及口炎、咽炎、直肠炎、阴道炎、子宫炎的消毒等	外用	0.1％～0.2％溶液	
过氧乙酸（过醋酸）	高效、速效、广谱杀菌，对细菌、芽胞、病毒均有杀灭作用	外用	0.2％～0.5％溶液	
碘酊	消毒作用强，可杀灭细菌、芽胞、病毒和霉菌，用于皮肤、创伤消毒	外用	2％～5％溶液	
甲紫（龙胆紫）	对细菌和霉菌有杀灭作用，用于治疗皮肤、黏膜创伤及溃疡	外用	1％～2％溶液	
新洁尔灭	用于手术前洗手、皮肤黏膜和器械浸泡消毒，也可用于圈舍、环境消毒	外用	0.05％～0.2％溶液	
敌百虫	用于杀灭羊体表的寄生虫螨、蜱和虱等	外用	0.5％溶液	
百毒杀	用于杀灭细菌、病毒和部分虫卵	外用	0.05％溶液	
溴氰菊酯（倍特）	杀虫范围广、作用强、低残留，对羊痒螨、蜱、虱、蚊、蝇均有效	药浴	1毫升/升	
双甲脒	高效、低毒，用于杀灭体表寄生虫蜱、虱、蝇等	药浴	以有效成分计，配成 0.02％～0.05％的乳液	
杀虫脒	广谱、高效、低毒，用于杀灭体表寄生虫蜱、虱、蝇等	药浴	0.1％～0.2％溶液	

5. 如何防治羊口蹄疫?

本病在民间俗称"口疮",是由口蹄疫病毒引起的偶蹄兽的一种急性、热性、高度接触性传染病,以口腔黏膜、蹄部和乳房发生水疱和溃疡为典型特征。本病传染性极强,对养羊业危害严重。

(1) 流行特点

口蹄疫病毒有多种血清型,具有较强的环境适应性,耐低温,不怕干燥,对酚类、酒精、氯仿等不敏感,但对日光、高温、酸碱的敏感性很强。本病对多数偶蹄兽均有易感性,其中牛最易感,其次是绵羊和山羊。主要通过接触传播或空气传播,传染速度很快,易形成地方流行性,以冬春季节较易发。新疫区发病率可达100%,老疫区发病率在50%以上。

(2) 临床症状

潜伏期1周左右。病羊体温升高,达40℃以上,精神沉郁,食欲减退,脉搏和呼吸加快。症状多见于口腔,呈弥漫性口黏膜炎,口角常流出带泡沫的口涎,水疱主要见于硬腭和舌面,病羊水疱破溃后,体温即明显下降,症状逐渐好转。蹄部发生水疱时,常因继发性坏疽而引起蹄壁脱落。

(3) 主要病变

在病羊的口腔、蹄部、乳房等处出现水疱和溃烂斑,消化道黏膜有出血性炎症,心肌色泽较淡,质地松软,心外膜与心内膜有弥散性及斑点状出血,心肌切面有灰白色或淡黄色、针头大小的斑点或条纹,称为"虎斑心",以心内膜的病变最为明显。

(4) 诊断

通过临床症状可做出初步诊断。确诊需在国家规定的实验室进行病毒分离鉴定。在临床上本病还需要与羊传染性脓疱病及普通口炎、普通脚外伤等病进行鉴别诊断。

(5) 防治措施

预防:在生产上要加强羊群的消毒和病羊的隔离工作,提倡自繁自养,尽量不从外地购羊。根据毒型选用疫苗,认真做好定期免疫接种。每年接种疫苗2次,间隔6个月,每次1~2毫升。

治疗:按规定,对发病的羊群要采取扑杀和无害化处理。必要时可在严格隔离条件下做一些对症治疗,用3%醋酸或0.2%高锰酸钾溶液对口腔局部病灶进行冲洗,再涂以明矾或碘酊甘油。在蹄部和乳房等部位可直接用碘酊消毒剂对局部进行洗涤,擦干后再涂以青霉素软膏。采取上述措施治疗的同时,要配合使用抗生素,以防止发生继发性感染。

6. 如何防治羊传染性脓疱病?

本病又称"羊口疮",是由传染性脓疱病毒引起的一种接触性传染病,以口唇、舌、鼻和乳房等部位形成丘疹、水疱、脓疱和结成疣状结痂为特征。

(1) 流行特点

本病只危害山羊和绵羊,以3～6月龄的羔羊发病率最高,常呈群发性流行,在南方的羊场发病率较高且在羊群中可造成持续感染。但成年羊发病较少,常呈散发。该病一年四季均可发生,但以春夏发病最多。本病主要通过损伤的皮肤或黏膜而感染。

(2) 临床症状与主要病变

潜伏期4～8天,临床上可分为唇型、蹄型和外阴型。

唇型:最常见的一种。首先在羊的口角、上唇或鼻镜上出现散在的小红点,逐渐变为丘疹和小结节,继而形成水疱或脓疱,脓疱破溃后形成疣状结痂,严重时可出现龟裂和出血症状,在痂垢下伴有明显的肉芽组织增生,严重时炎症和肉芽组织增生可波及整个口唇周围及眼眶和耳朵等部位。由于嘴唇肿大和化脓影响了正常采食,造成病羊日渐消瘦、最终饥饿衰竭而死。

蹄型:表现在蹄叉、蹄冠皮肤形成水疱或脓疱,破裂后则成为由脓液覆盖的溃疡。如继发感染则发生化脓、坏死,常波及基部、蹄骨,甚至肌腱或关节,造成病羊跛行、卧地,病期较长,严重影响病羊的采食和活动。

外阴型:此型较少见。主要表现外阴部及其附近皮肤发生溃疡,有时母羊的乳头皮肤及公羊的阴茎鞘皮肤也会出现脓疱和溃疡。

(3) 诊断

根据春夏季节散发,羔羊易感,在口角周围出现丘疹、脓疱、结痂及增生性桑椹状痂垢等临床症状可做出初步诊断。要确诊可取水疱液或脓疱液进行病毒的分离培养,也可进行血清学诊断或PCR诊断。在临床上,本病还应与羊痘、坏死杆菌病进行鉴别诊断,同时在临床上应注意羊痘与羊传染性脓疱病并发感染的情况。

(4) 防治措施

预防:饲养管理过程中要保护羊只皮肤和黏膜不受损伤,及时清除饲草中的芒刺和尖锐食物,一旦发现病羊要及时隔离治疗。对本病易感地区可用羊口疮弱毒疫苗进行预防接种,采取口唇黏膜内注射。

治疗:对于唇型病羊可使用食盐或山苍子油对病患局部进行涂擦,也可用水杨酸软膏将痂垢软化,除去痂皮后用0.2%高锰酸钾溶液冲洗创面,再涂以2%的龙胆紫、碘甘油或土霉素软膏等,直至痊愈。对于蹄型病羊可用过氧化氢（双氧水）清洗局部化脓灶后再涂上土霉素软膏或青霉素软膏，也可以直接用5％碘酊涂擦患部，直至痊愈。

7. 如何防治山羊痘？

本病是由山羊痘病毒引起的一种急性、热性、高度接触性传染病，是国际动物卫生组织规定的 A 类疫病，以羊嘴唇、口腔黏膜、无毛或少毛部位皮肤发生痘疹为特征。

（1）流行特点

本病只感染山羊，各种日龄均可发生，一般在冬末春初多发，幼龄羊比成年羊容易发病。本病的传染速度很快，易形成地方流行性，发病率可达100％，死亡率为50％～70％，死亡率高低与羊群的饲养管理水平密切相关。主要经呼吸道传播，也可经受损的皮肤、黏膜感染。气候因素、营养不良和管理不佳等因素可促进本病的发生，并增加死亡率。

（2）临床症状

潜伏期 6～8 天，病羊体温高达 41～42℃，精神不振、眼结膜潮红、鼻孔流出浆液性或脓性分泌物，随后在头部、外生殖器、四肢及尾内侧皮肤等处相继出现一些红斑和丘疹，突出于皮肤表面，严重时形成水疱和脓疱，最后结痂。羔羊发病，死亡率高，妊娠母羊发病则可引起流产。

（3）主要病变

除全身皮肤出现痘状红疹外，咽喉部和支气管黏膜也可见到痘疹，肺部易并发感染肺炎，在前胃和第四胃黏膜可见大小不等的圆形或半球形坚实结节，单个或融合存在，严重时形成糜烂性溃疡斑。

（4）诊断

根据临床症状、病理变化和流行情况可做出初步诊断，确诊需进行病毒分离培养。在临床上本病还需与传染性脓疱病进行鉴别诊断。

（5）防治措施

预防：每年定期接种1～2次山羊痘弱毒疫苗，平时还应做好羊群的定期消毒、病羊隔离等预防措施，生产上应坚持自繁自养，减少或杜绝外源引种。

治疗：当发生本病后，对病羊及其同群羊只及时扑杀销毁，并对羊舍、用具等污染场所进行严格消毒，防止病毒扩散。对周边受威胁的羊群或假定健康羊群要紧急接种羊痘疫苗。

8. 如何预防羊狂犬病？

本病俗称"疯狗病"，又称"恐水症"，是由狂犬病病毒引起的一种人畜共患的急性接触性传染病，以神经调节高度障碍为特征，表现为羊狂躁不安和意识紊乱，最终发生麻痹而死。

（1）流行特点

主要传染源为患病的家犬及带毒的野生动物。患病动物唾液中含有大量病毒，通过咬伤羊只使病毒进入体内而引起发病，也可经损伤的皮肤、黏膜传染。本病一般以散发性流行为主，无明显季节差异。

（2）临床症状

潜伏期的长短与伤口部位、侵入病毒的毒力和数量有关，一般为 2～8 周，最短 8 天，长的可达数月甚至 1 年以上。病羊的症状与其他病畜相似，在临床上分为狂暴型和沉郁型两种病型。

狂暴型：初期病羊呈惊恐状，神态紧张，直走，并不停地狂叫，叫声嘶哑，见其他羊只就咬，有时会跃起扑人，并有异食现象，见水狂喝不止。继而精神沉郁，似醉酒状，行走踉跄。眼充血发红，眼球突出，口流涎，最后消瘦。口腔、瘤胃内有大量的异物，其他胃和肠被水性内容物充满。

沉郁型：病例多无兴奋期或兴奋期短，而且迅速转入麻痹期，出现喉头、下颌、后躯麻痹，流涎，张口、吞咽困难等症状，最终卧地而死。

（3）主要病变

病羊尸体消瘦，剖检病死羊可见口腔和咽喉黏膜充血、糜烂。胃内空虚或有石头、沙土等异物，胃底、幽门区及十二指肠黏膜充血、出血。肝脏、肾脏、脾脏充血，胆囊肿大、充满胆汁，脑实质水肿、出血等。

（4）诊断

根据临床症状及流行特点可做出初步诊断，但确诊需要进行实验室诊断。

（5）防治措施

预防：关键在于防止羊被病犬咬伤。养狗必须加强管理，进行免疫接种，疫区与受威胁区的羊接种弱毒疫苗或灭菌苗。

治疗：本病无治疗意义，对被疯狗咬伤的羊应及早捕杀，以免危害于人。对于有价值的种羊感染后，可在严格隔离的情况下，及时用清水或肥皂水冲洗伤口，再用碘酒或硝酸银等处理伤口，并立即接种狂犬病疫苗。

9. 如何防治羔羊大肠杆菌病？

本病是由致病性大肠杆菌引起的一种新生羔羊急性传染病，以剧烈下痢和败血症为主要特征。

（1）流行特点

病羊常排出白色稀粪，又称羔羊白痢。多见于 6 周龄内的羔羊，偶见于

3～8月龄小羊，主要经消化道感染。本病与气候不好、营养不良和圈舍环境污染等因素有关，冬春季节舍饲期间多发。

（2）临床症状

潜伏期1～2天。临床可分为败血型和肠炎下痢型两种。

败血型：多见于2～6周龄羔羊，病羊体温高达41～42℃，精神沉郁，有轻微的腹泻或不腹泻，有时有神经症状、四肢关节肿胀、疼痛，运动失调，病程短，多数病羊于发病后4～12小时内死亡。

肠炎下痢型：多见于2～8日龄的新生羔羊，病初体温略高，出现腹泻后体温下降，粪便呈半液状，带有气泡，且有恶臭，羔羊表现起卧不安、腹泻、严重脱水衰竭，若不及时治疗于1～2天内死亡。

（3）主要病变

败血型：在胸腔、腹腔、心包内有大量积液，并有纤维素性物质渗出，关节肿大，内有混浊液体，脑膜充血、有许多小出血点。

肠炎下痢型：表现为急性胃肠炎变化，真胃、小肠、大肠黏膜充血出血，瘤胃和网胃出现黏膜脱落，胃肠内充满乳状内容物，有时在肠内还混有血液和气泡，肠系膜淋巴结肿胀，切面多汁或充血。

（4）诊断

据流行病学、临床症状和剖检病变可做出初步诊断。实验室诊断可采集病羊的内脏组织、血液或胃肠内容物进行细菌分离鉴定。在临床上，注意与羔羊痢疾进行鉴别诊断。

（5）防治措施

预防：加强母羊的饲养管理，加强羊舍环境卫生。做好母羊的抓膘、保膘工作，增强母羊的抵抗力，保证新产羔羊健壮、抗病力强。

治疗：对病羔要立即隔离，及早治疗。对污染的环境、用具要用3%～5%来苏儿液消毒。发病时可使用土霉素、新霉素或磺胺类等药物进行口服治疗，同时配合肌注恩诺沙星或磺胺类等药物。对脱水严重的，静脉注射5%葡萄糖盐水；对于有兴奋症状的病羔，用水合氯醛0.1～0.2克加水灌服。

10. 如何预防羊布氏杆菌病？

本病是由布氏杆菌引起的主要侵害生殖系统的一种人畜共患慢性传染病。本病分布广，易传染给人。羊感染后，母羊发生流产，公羊发生睾丸炎。

（1）流行特点

本病在各品种、各日龄羊均可感染，其中母羊较公羊易感，且随着性成熟，易感性会逐渐增强。主要传播途径是消化道，也可在配种时经黏膜接触感染。在羊群中，发病初期仅见少数孕羊流产，随后逐渐增多，严重时流产率可达 90%。

（2）临床症状

多数病例为隐性感染。羊流产前往往无明显的前兆，多数表现少量减食，阴门流出黄色黏液，有时羊群可并发关节炎、乳房炎等病症。流产多发生在母羊怀孕后的 3～4 个月，流产后母羊迅速恢复正常食欲。

（3）主要病变

胎衣呈黄色胶冻样浸润，有些胎衣覆有黏稠状物质，胎盘有出血、水肿病变。流产胎儿主要为败血症病变，浆膜和黏膜可见出血点或出血斑，皮下和肌肉间发生浆液性浸润，脾脏和淋巴结肿大，肝脏中有坏死灶。公羊可发生化脓性睾丸炎和附睾炎，睾丸肿大，后期睾丸萎缩。

（4）诊断

根据流行病学，流产胎儿、胎衣的病理损害等可做出初步诊断。实验室可通过血清平板凝集试验进行确诊。

（5）防治措施

预防：坚持预防为主，做到自繁自养，严禁从疫区引种羊。必须引种羊或补充羊群时，要严格检疫和隔离，对阳性和可疑病羊要及时隔离淘汰处理。平时对羊群进行抽血普查，一经发现，立即淘汰，并做好用具和场所的消毒工作，以及流产胎儿、胎衣、羊水和产道分泌物的无害化处理。

治疗：本病无治疗意义，一般不治疗。若要治疗可选用土霉素、磺胺类药物，但不易根治，一段时间后易复发。

11. 如何防治羊伪结核棒状杆菌病？

本病是由伪结核棒状杆菌引起的一种接触性慢性传染病，以局部淋巴结发生脓肿、干酪样坏死以及病羊消瘦为特征。

（1）流行特点

不同品种和年龄羊均可发病，但断奶前的羔羊很少发病。本病多为散发，有时表现地方性流行，无明显季节性。主要经创伤的皮肤而感染。病羊破溃的淋巴结、化脓灶及粪便和污染的环境是本病的传染源。羊群发病率可高达 60%，但死亡率较低。

（2）主要症状

病羊的头部、颈部、肩前和股前等部位的淋巴结肿大化脓，一段时间后会自行破溃流出脓液而自愈，一般无明显的全身症状。在临床上，局部的伤口感染常不为人注意，等到淋巴结肿胀到一定程度才被发现。病程可持续 1～2 个月,有时身体一个部位脓疱破溃后,在身上的另一部位又会发生或同时出现多个脓疱,有的形成瘘管,部分病羊逐渐消瘦、衰弱,行动缓慢,放牧或行走时掉队,最后因身体极度衰竭而死亡。

(3)主要病变

病死羊尸体消瘦,被毛粗乱,干燥无光泽,皮下及腹腔脂肪极少,体表淋巴结肿大化脓,形成包囊的大脓肿,内含奶油状内容物,干后呈干酪样或呈轮层状干酪状,有时胸腔和腹腔内部的淋巴结也形成脓肿。

(4)诊断

根据山羊体表长有较大的淋巴结肿块,切开有稀的脓汁或干酪样坏死物即可初步诊断,如将脓汁分离培养,则可确诊。

(5)防治措施

预防:平时要注意环境卫生,坚持定期消毒,管理上应及时对受损的皮肤进行消炎处理以防感染。

治疗:在发病早期使用大剂量的青霉素治疗有一定效果。脓肿熟透且未破溃时,用外科手术法处理。将患处剪毛消毒后,在肿块最低处切开排脓,用消毒药液(如新洁尔灭、百毒杀或高锰酸钾溶液的任一种即可)冲洗干净,然后在切口内涂抹红霉素软膏1~2支,很快即可痊愈。在外科处理过程中要注意环境的消毒和化脓灶废弃物的无害化处理,以免成为本病新的传染源。

12. 如何防治山羊传染性角膜炎?

本病又称"红眼病",主要由莫拉菌引起羊的一种高度接触性急性传染病,以发生结膜炎、角膜炎、流泪和角膜混浊等为特征。

(1)流行特点

主要发生在山羊,各种日龄均可发病,以秋季发病率最高。临床上发病率高低与羊群的饲养管理水平、卫生条件及是否及时隔离病羊有密切关系。

(2)临床症状和病变

潜伏期2~7天。病初患羊畏光流泪、眼睑肿胀、疼痛,随后眼角膜潮红、角膜周围血管充血,接着羊角膜出现灰白色混浊或角膜中央有灰白色小点,严重者角膜增厚并发生溃疡或穿孔现象,继而出现失明症状。多数病羊只有一侧眼患病,少数出现双侧眼睛都感染。眼球化脓的羊只体温稍微升高,食欲减退,精神沉郁,被毛粗乱,常离群呆立,行动缓慢,行走时易摔倒,或因眼睛看不见而影响采食,导致营养不良、机体消瘦、衰竭死亡。

(3)诊断

在临床上根据流行特点和临床症状可做出初步诊断,必要时可采集眼结膜囊内的分泌物进行细菌分离培养鉴定而确诊。

（4）防治措施

预防：管理上要尽量减少强光和尘埃对眼睛的刺激，对发病羊要及时隔离治疗并加强羊舍的消毒工作。

治疗：对病羊的眼睛要先用 2%～4% 硼酸溶液清洗，拭干后涂抹红霉素或四环素软膏，每天 2 次；或者使用每毫升含有 5000 国际单位普鲁卡因青霉素滴眼，每天 2 次。

13. 如何防治羊沙门菌病？

本病又称羊副伤寒，是由鼠伤寒沙门菌、羊流产沙门菌和都柏林沙门菌引起的，临床上以血性下痢和怀孕母羊流产为特征的一种羊的急性传染病。

（1）流行特点

不同年龄、性别和品种的羊均可感染本病，其中以断奶或刚断奶的羊和怀孕后期母羊较易感染。主要通过消化道和呼吸道引起感染，传染源是病羊或带菌羊。本病没有明显的季节性，育成期羔羊常在夏季和早秋发病，孕羊主要在晚冬、早春季节发生流产，多呈散发性或地方流行性。

（2）临床症状

自然发病潜伏期为 1～2 天。临床分为下痢型和流产型。

下痢型：多见于羔羊，病初精神沉郁，体温升高至 40～41℃，大多数病羊出现腹痛症状，腹泻、排出大量带有黏液的稀粪，有恶臭，粪便常污染后躯，迅速出现脱水症状。有的病羊出现呼吸急促，流出黏液性鼻液。若治疗不及时，可在 1～5 天内死亡，发病率 30%，死亡率 25% 左右。

流产型：多在怀孕的最后 2 个月发生流产或产死胎，流产前后数天阴道有分泌物流出，体温升高到 40～41℃。沙门菌感染的母羊，其体内的病菌可经血液传给胎儿，使胚胎受到损害而死亡；有的病羊产出的活羔极度衰竭，一般1～7 天后死亡。严重时发病母羊流产率可达 60% 左右。

（3）主要病变

下痢型：病羊后躯被毛、皮肤常被稀粪污染，大多数组织脱水。真胃和肠道内空虚，肠黏膜附有黏液，并含有小血块，胆囊肿大，胆汁充盈，肠系膜淋巴结肿大、充血，心内膜和外膜上有小出血点。

流产型：病羊所产胎儿死亡或生后几天内死亡，呈败血症变化。组织水肿、充血，肝、脾肿大，有灰白色坏死病灶，胎盘水肿、出血。死亡的母羊呈急性子宫炎症状，子宫肿胀，内含有凝血块及坏死组织，并有渗出物和滞留的胎盘。

（4）诊断

根据流行病学、临床症状和病理变化可做出初步诊断。必要时可取病羊或流产胎儿进行细菌分离鉴定而确诊，在临床上应与羔羊痢疾和羔羊大肠杆菌病等进行鉴别诊断。

（5）防治措施

预防：在受到该病威胁的地区，可给羊群注射相应的疫苗或在饲料中添加抗菌药物预防。平时加强饲养管理，保持羊舍清洁卫生，冬季圈舍注意保暖，防止感冒，定期进行消毒，避免饲料和饮水受污染。

治疗：发现病羊要及时隔离，选用敏感药物进行治疗。在发病早期可使用卡那霉素、土霉素、环丙沙星、氟苯尼考和磺胺类等药物进行治疗。

14. 如何防治羊链球菌病？

本病是由溶血性链球菌引起的一种急性、热性败血性传染病，临床表现为发热、下颌淋巴结与咽喉肿胀、胆囊肿大和纤维素性肺炎。

（1）流行特点

主要发生于绵羊，山羊也很容易感染。在老疫区多为散发性，在新疫区多见于冬春寒冷季节，多呈地方性流行。本病经呼吸道、消化道和损伤的皮肤而感染。

（2）临床症状

潜伏期为 2～5 天，病初精神不振，食欲减少或不食，反刍停止，步态不稳，病羊体温升高至 41℃ 以上，咽喉部及下颌淋巴结肿大明显，有咳嗽症状，鼻流浆液性或带脓血的分泌物，病程短，病死前会出现磨牙呻吟及抽搐现象。怀孕母羊阴门红肿，有淤血斑，易发生流产。急性病例呼吸困难，病羊甚至在 24 小时内死亡。

（3）主要病变

以败血病变为主，主要表现为尸僵不明显，胸腔积液，内脏血管广泛出血，尤以膜性组织最为明显。内脏器官表面常覆有丝状纤维素样物质。肺实质出血、肝变，呈大叶性肺炎。咽喉扁桃体发炎、水肿、出血、坏死，头颈部淋巴结肿大、出血和坏死。

（4）诊断

根据临床症状和剖检变化，结合流行病学可做出初步诊断。确诊时可采集内脏器官组织或心血进行涂片染色镜检，可见双球状或 3～5 个菌体连成的短链状细菌，周围有荚膜，革兰染色呈阳性。必要时需进行细菌分离鉴定。临床上需与巴氏杆菌病、山羊传染性胸膜肺炎等进行鉴别诊断。

（5）防治措施

预防：在疫区，可安排在疫病流行季节来临之前接种疫苗，每只羊皮下注射 3 毫升，3 月龄内羔羊 14～21 天后再免疫注射 1 次。平时加强羊群消毒和病羊隔离工作，做好羊圈及场地、用具的消毒工作。

治疗：发病后，对病羊和可疑羊进行隔离，用青霉素或磺胺类药物治疗，场地、器具等用 10％石灰乳或 3％来苏儿严格消毒，羊粪及污物等堆积发酵，病死羊进行无害化处理。

15. 如何防治羊梭菌性疾病？

羊梭菌性疾病是由梭状芽胞杆菌属中的细菌所致的一类疾病的总称，包括羊快疫、羊肠毒血症、羊猝狙、羊黑疫、羔羊痢疾等疾病。不同梭菌类型，其易感动物、流行特点、临床症状和病理变化有所不同。

（1）羊快疫

羊快疫是由腐败梭菌引起的主要发生于绵羊的一种急性传染病，其特点是突然发病和急性死亡，主要病变是真胃出血性炎症。

①流行特点。本病以 6～18 月龄的绵羊最易感，膘情好的易发病。山羊有时也可发病，以秋冬和初春多发，散发为主。该病发病率较低，但死亡率很高。一般经消化道感染，经外伤感染则引起恶性水肿。

②临床症状。突然发病，往往看不到症状即突然死亡。有的病羊离群独处，卧地、不愿走动，表现虚弱和运动失调。个别病程稍长的病例，可看到腹胀、腹痛等症状，最后衰弱昏迷而死，罕见痊愈。

③病理变化。病羊死亡后，尸体迅速腐败膨胀，真胃黏膜呈出血性炎症，前胃黏膜也有不同程度的脱落。肠道黏膜有不同程度的充血、出血以及溃疡病变。肺脏、脾脏、肾脏和肠道的浆膜下也可见到出血。胸腔、腹腔、心包有大量积液，暴露于空气易凝固。

④诊断。根据本病的流行病学、临床症状和病理变化可做出初步诊断，必要时可进行细菌的分离培养。采集新鲜病料进行细菌分离鉴定，可进行确诊。在临床上本病应与羊炭疽、肠毒血症和巴氏杆菌病等进行鉴别诊断。

⑤防治措施。

预防：加强饲养管理，特别注意羊只不要受寒感冒和采食带冰霜的饲料。在本病易感区域可使用羊的三联四防疫苗进行预防接种。

治疗：隔离病羊，对病程较长者可进行对症治疗和抗菌类药物治疗，病死羊一律深埋或无害化处理。

（2）羊肠毒血症

本病又称"软肾病"，是由 D 型魏氏梭菌引起的主要发生于绵羊的一种急性毒血症，其特点是发病急、死亡快，死后肾组织迅速软化。

①流行特点。主要发生于绵羊，以 2～12 月龄膘情较好的羊易发，山羊有时也可发病。本病主要经消化道传染，多为散发，有明显的季节性，多发于春末夏初抢青时或秋末牧草结籽时。

②临床症状。突然发病，多数病例不见明显症状，很快倒地死亡。可见症状的病羊分为两种类型。一类以抽搐为特征，倒地后四肢强烈划动，肌肉震颤，眼球转动，磨牙，抽搐，多于 2～4 小时内死亡；另一类以昏迷和静静地死去为特征，步态不稳、倒卧、感觉过敏、流涎、昏迷、角膜反射消失，常在3～4 小时内静静死去。

③病理变化。剖检可见肾肿大明显，肾皮质柔软如泥，甚至呈糊状。小肠黏膜充血、出血，心包积液、内含纤维素絮块，肺脏出血和水肿，脾脏、胆囊不同程度肿大。

④诊断。根据本病的流行病学、临床症状和病理病变情况可做出初步诊断。必要时采取新鲜肾脏或其他实质脏器病料进行细菌的分离鉴定，从肠内容物检查到大量的 D 型魏氏梭菌有助于确诊。临床上本病应与羊快疫、羊猝狙等进行鉴别诊断。

⑤防治措施。

预防：加强饲养管理，在本病常发区域每年定期接种羊的三联四防疫苗，应特别注意防止羊只采食大量青嫩多汁和富含蛋白质的饲草。

治疗：目前没有有效的治疗药物，由于发病急，多数病例来不及治疗就已死亡。

（3）羊猝狙

羊猝狙是由 C 型魏氏梭菌引起的羊的一种毒血症，以急性死亡、腹膜炎和溃疡性肠炎为特征。

①流行特点。本病多见于 1～2 岁的绵羊，膘情较好的多发，山羊有时也发病。本病经消化道传染，多发于冬春季节，常见于低洼、沼泽地区放牧的羊群，常呈地方性流行。

②临床症状。发病急，多数病羊未见明显的临床症状即突然死亡，有时可见病羊掉群、卧地、不安、衰弱和痉挛，数小时内死亡。

③病理变化。十二指肠和空肠黏膜充血或出血，形成糜烂和溃疡。腹膜炎、胸腔、腹腔和心包积液，内含纤维素絮块，浆膜面出血。

④诊断。根据流行病学、临床症状和病理变化可做出初步诊断。必要时可

对肠内容物和内脏进行细菌分离鉴定和毒素检查来确诊。临床上本病应与羊快疫、肠毒血症、炭疽和巴氏杆菌病等进行鉴别诊断。

⑤防治措施。

预防：在疫区，每年要定期接种三联四防疫苗，同时还要加强饲养管理，防止羊群受寒或采食冰冻饲料或不洁饲料，对羊舍要保持清洁干燥。

治疗：由于本病发病急，往往无明显先兆就发病死亡，一般只能等羊群出现一些急性死亡病例后或出现慢性病例后再进行治疗。

（4）羊黑疫

羊黑疫是由 B 型诺维梭菌引起的绵羊和山羊的一种急性高度致死性毒血症，又称为传染性坏死性肝炎，其特征是急性死亡和肝实质出现坏死灶。

①流行特点。绵羊和山羊均可感染，以 2～4 岁膘情较好的绵羊发病最多。本病经消化道传染，主要发生于肝片吸虫流行地区，多发于春夏季节，在地势较低的低洼潮湿处放牧的羊群多发。

②临床症状。发病急促，多数不见临床症状即死亡。少数病程长的病羊体温升高、呼吸困难，多在俯卧昏睡中死亡，病程几小时至 2 天不等。

③病理变化。皮下明显淤血，皮肤呈暗黑色，故称为羊黑疫。肝表面和肝实质内有数量不等的圆形灰黄色坏死灶，直径 2～3 厘米，周围常围绕一圈红色充血带。浆膜腔积液，暴露空气后易凝固。心内膜、真胃及小肠黏膜常有出血。

④诊断。根据本病的流行病学、临床症状及病理变化可做出初步诊断。必要时采取肝脏病灶边缘组织或脾脏，进行直接镜检、分离培养和动物实验，或采取腹水或肝坏死组织进行毒素检查。临床上本病应与羊快疫、肠毒血症等进行鉴别诊断。

⑤防治措施。

预防：加强饲养管理，消除发病诱因，应特别注意控制肝片吸虫感染。常发本病的地区，应对羊群进行免疫接种。

治疗：在发病早期可用抗诺维梭菌血清进行对症治疗，同时将发病羊群转移到高燥地区放牧，加强饲养管理，可降低发病率。

（5）羔羊痢疾

羔羊痢疾是由 B 型魏氏梭菌引起的羔羊的一种急性毒血症，以剧烈腹泻和小肠溃疡为特征。

①流行特点。主要危害 7 日龄以内的羔羊，其中以 2～3 日龄时发病最多。主要经消化道传染，也可通过脐带或创伤感染，导致羔羊抵抗力下降的不良诱因是发病的重要因素。

②临床症状。潜伏期 1～2 天，病羊精神沉郁，腹泻，有的便中带血，若不及时治疗，常在 1～2 天内死亡。有的病羔不下痢，而出现腹胀和神经症状，四肢瘫软，卧地不起，最后体温下降而衰竭死亡。

③病理变化。尸体严重脱水，典型病变在消化道，真胃内有未消化的凝乳块，小肠（特别是回肠）黏膜充血发红，溃疡周围有一出血带环绕，有的肠内容物呈血色，肠系膜淋巴结肿胀充血或出血。

④诊断。依据流行病学、临床症状及病理变化可做出初步诊断，必要时可采集实质脏器病料进行细菌分离培养及毒素检查进一步确诊。临床上本病应与沙门菌、大肠杆菌及其他原因引起的腹泻病例进行鉴别诊断。

⑤防治措施。

预防：加强怀孕母羊及新生羔羊的饲养管理，减少应激，增强羔羊的抵抗力。搞好环境卫生和消毒工作，应特别注意分娩舍和羔羊圈舍的卫生，减少羔羊感染机会。对常发本病地区，每年秋季对母羊接种五联苗或羔羊痢疾菌苗，产前 2～3 周再加强免疫 1 次。

治疗：隔离发病羔羊，对病程较长的可以治疗，主要用抗菌类药物治疗，对病羔所在圈舍进行消毒，病死羔进行无害化处理。

16. 如何防治山羊传染性胸膜肺炎？

本病又称山羊支原体性肺炎，是由丝状支原体山羊亚种引起的一种高度接触性传染病，其临床症状主要表现为高热、咳嗽和明显的胸膜肺炎症状，在饲养山羊的地区较为多见。

（1）流行特点

自然条件下，由丝状支原体山羊亚种引起的只感染山羊，尤其是 3 岁以下的山羊最易感，而绵羊支原体对山羊和绵羊均有致病作用。本病主要经呼吸道感染，在冬春季节发病率高，常呈地方流行性。

（2）临床症状

潜伏期为 5～20 天。临床上以卡他性鼻液、咳嗽、呼吸性啰音、纤维素性胸膜炎、肺炎及部分母羊流产、进行性消瘦为主要特点，新疫区以急性多见，体温高达 41～42℃，呈稽留热，咳嗽，浆液性鼻液，4～5 天转为干咳、黏脓性鼻液（呈铁锈色），呼吸困难。慢性型在老疫区多见或由急性病例转变而成，表现为不时咳嗽，消瘦，被毛粗乱，肺炎症状时轻时重，反复无常。

（3）病理变化

剖检变化主要在肺、胸腔和纵隔淋巴结，表现为浆液性纤维性胸膜肺炎病理变化。慢性病例表现为纤维素性肺炎、胸膜炎，肺部肝变区界限清楚，其外有肉芽组织形成包囊，与胸膜粘连，胸水较多并有大小不等的黄白色纤维素性凝块，淋巴结实质变性、变硬或萎缩，气管内含有黏液的脓性渗出物，黏膜充血。

（4）诊断

根据本病的流行病学、临床症状及病理变化可做出初步诊断，必要时进行支原体的分离培养和鉴定。临床上本病应与羊链球菌病、巴氏杆菌病进行鉴别诊断。

（5）防治措施

预防：加强饲养管理，提倡自繁自养，生产上应根据流行情况做好山羊传染性胸膜肺炎疫苗的免疫接种。

治疗：治疗上强调及时性和有效性。对病羊要及时进行隔离，红霉素、恩诺沙星、氟苯尼考、泰乐菌素及新胂凡钠明"914"或磺胺嘧啶钠等均有一定的疗效。在治疗过程中强调连续用药，并做好必要的对症治疗。遇到气候转变时，病羊有可能还会复发本病，需做好防范工作。

17. 如何防治羊衣原体病？

羊衣原体病是由鹦鹉热衣原体引起的山羊、绵羊的一种以发热、流产、死产和产出弱羔为特征的传染病。

（1）流行特点

本病对山羊、绵羊及其他畜禽均易感。在临床上病羊出现肺炎、肠炎、结膜炎、脑炎、母羊流产和羔羊多发性关节炎等多种病症。本病多呈地方流行性。病羊和隐性感染羊是本病的传染源，大多经呼吸道、消化道感染，有时也可通过交配或昆虫传播。

（2）临床症状和主要病变

山羊感染本病后可表现不同的临床症状。

流产型：通常发生于母羊妊娠的中后期，流产前无特征性先兆，流产后从母畜阴户流出粉红色或奶油样黏液，还表现为胎衣不下或滞留。剖检病羊可见胎盘绒毛膜和子叶出现增厚、出血、坏死并混有淡黄色渗出物，子宫黏膜出血、水肿等。

关节炎型：主要发生于羔羊，表现为一肢或四肢跛行，关节肿胀，触摸有热痛感。病羊食欲减退，行动迟缓，影响采食和运动，生长缓慢。

结膜炎型：主要发生于绵羊，特别是肥育羔和哺乳羔。最初眼结膜出血、水肿、畏光流泪，接着眼角膜出现不同程度的混浊、溃疡或穿孔。发病羊群中，可见公羊患有睾丸炎、附睾炎等疾病。

（3）诊断

根据本病的流行病学、临床症状和病理变化可做出初步诊断，必要时可进行病原分离鉴定或采用血清学方法确诊。在临床上应与布氏杆菌病和沙门菌病等进行鉴别诊断。

（4）防治措施

预防：在本病流行地区可接种羊流产衣原体灭活疫苗进行预防，此外还需做好环境的消毒、流产胎儿和胎衣的无害化处理。

治疗：关键是要选用敏感的抗生素，可用青霉素、强力霉素和四环素类等药物进行治疗。关节炎型利用地塞米松、安痛定（阿尼利定）等药物进行治疗，结膜炎型要配合使用适量的抗生素软膏进行局部处理。

18. 如何防治羊钩端螺旋体病？

本病又称传染性黄疸、黄疸血红蛋白尿，是由钩端螺旋体引起的一种人畜共患病。

（1）流行特点

秋季是流行高峰，其他季节也有散发。传染源是病羊和鼠类，各种年龄的羊均可发病，但羔羊发病时病情较重。本病主要经消化道和皮肤感染，通过鼠咬伤、结膜或上呼吸道黏膜传染或通过交配传给健康的羊。

（2）临床症状

潜伏期为4～15天，临床上通常以急性或亚急性表现为主，可视黏膜黄染和尿液呈暗红色具有特征性。急性病例体温升高到40℃以上，呼吸加快。由于胃肠道迟缓而发生便秘，尿呈暗红色。眼结膜炎，流泪，鼻腔流出黏液脓性分泌物，鼻孔周围皮肤破裂。有时可导致怀孕母羊流产。一般病程持续5～10天，死亡率达50％～65％。

亚急性病例症状与急性大致相同，但发展比较缓慢。体温不稳定，体温升高后又迅速降到常温，反复不定。黄疸及血尿很明显，耳部、躯干及乳头部的皮肤发生坏死。死亡率为20％～25％。

（3）主要病变

病死羊尸体消瘦，可视黏膜湿润，呈深浅不同的黄色。剖检可见皮下组织水肿呈黄色，骨骼肌松软而多汁，呈柠檬黄色。胸腹腔内有大量黄色液体。肝脏增大，呈黄褐色，质脆或柔软。肾脏肿大、容易碎，髓质与皮质的界限消失，组织柔软而脆，病程稍长时，肾脏变为坚硬。脑室中聚积有大量液体，血液稀薄，红细胞溶解，在空气中长时间不能凝固。

（4）诊断

对本病诊断可采取直接镜检。取血液、尿液或体液经离心后取沉淀物进行压片，在显微镜下检查虫体，也可以进行血清学检查或动物接种确诊。

（5）防治措施

预防：做好环境卫生消毒工作，定期灭鼠以减少或消灭传染源。提倡自繁自养，不到疫区引种羊。

治疗：可用高免血清、抗生素或新胂凡钠明"914"进行治疗。在治疗过程中要禁止病羊进出，用消毒水进行严格消毒，防止病原扩散，并做好羊舍粪便及污染物的无害化处理。

19. 如何防治羊附红细胞体病？

羊附红细胞体病是由附红细胞体所引起的一种人畜共患的急性传染性血液病。附红细胞体寄生于羊的红细胞或血浆中，临床主要表现为黄疸性贫血、发热、呼吸困难、虚弱、流产、腹泻甚至死亡等症状。

（1）流行特点

该病一年四季均可发生，主要发生于温暖多雨季节，常呈地方性流行，各日龄羊均可发病，以哺乳羔羊的发病率和死亡率较高，其他羊多为隐性感染。

（2）临床症状

主要以黄疸性贫血和发热为特征，病初体温升高、呈稽留热，精神沉郁，饮食和饮水不停，但形体消瘦，可视黏膜苍白、黄疸，最后体温下降，痛苦呻吟而死，个别有神经症状。尿液呈深红色或茶褐色。母羊出现流产、产弱胎和不发情等繁殖障碍症状，公羊出现性欲减退等症状。

（3）病理变化

主要变化为贫血和黄疸。血液稀薄，呈淡红色，也有的呈酱油色，凝固不良。全身肌肉颜色变淡，脂肪黄染，体表有出血点或出血斑。肝、肾、肺、脾肿大并且有大小不一的出血点，胆囊肿大，胆汁稀薄，淋巴结肿大、切面外翻。心包液增多，质软，心外膜和冠状脂肪出血和黄染。

（4）诊断

可根据流行特点、临床症状及病理变化做出初步诊断，确诊需采血压片镜检。

（5）防治措施

预防：加强饲养管理，搞好环境卫生，定期进行消毒和药浴消灭虱、螨等体外寄生虫。做到早发现、早治疗，对可疑羊只应及时用不同驱虫药交替驱虫。

治疗：可用黄色素以生理盐水或蒸馏水稀释后按5～7毫克/千克静注，以控制对红细胞的破坏；或用血虫净（贝尼尔），按7～10毫克/千克肌注，连用2～3天。症状控制后，用阿散酸制丸按5～8毫克/千克剂量口服，连用5～10天。

20. 如何防治羊片形吸虫病？

本病又称羊肝片吸虫病，由肝片吸虫和大片吸虫寄生于肝脏胆管内引起的一种寄生虫病，是羊主要的寄生虫病之一。

（1）流行特点

本病分布广泛，宿主范围广，季节性强，多发生于春末、夏秋季节，经口感染是唯一的感染途径，具有较强的地方流行性，各种日龄羊均易发生，特别是在雨水多、地势低、沼泽地带放牧的羊易感染本病。

（2）临床症状

临床表现可分为急性和慢性两个类型。

急性型：多见于夏末和秋季。主要表现体温升高、精神沉郁、食欲减少或废绝，拉稀粪或黏液性稀粪，严重贫血，黄疸，可视黏膜苍白，肝区触摸有压痛感，严重病例多在出现症状后3～5天内死亡。

慢性型：慢性病例较多见，可发生于任何季节。病羊逐渐消瘦、被毛粗乱、食欲不振、黏膜苍白、极度贫血，在眼睑、颌下、胸部、腹部皮肤出现水肿，便秘和下痢交替出现，最后衰竭死亡，仅个别病羊可耐过。

（3）病理变化

病死羊可视黏膜贫血明显，剖检可见腹水明显增多，肝脏肿大硬化、色泽为暗灰色、肝小叶间结缔组织增生并呈绳索样突出于肝脏表面，切开胆囊和胆管可见一些片形吸虫成虫，胆管壁发炎并有磷酸钙等盐类沉淀，肝脏内静脉管腔内也有数量不等的虫体堆积和污浊浓稠的液体。

（4）诊断

根据临床症状、流行病学资料、虫卵检查及病理剖检结果可做出综合判断，还可通过有关免疫学、血清学进行诊断。

（5）防治措施

预防：坚持定期驱虫，每年要选用肝蛭净、丙硫苯咪唑和硝氯酚等药物对羊群进行4次驱虫，其中春末和秋季的驱虫尤为重要。对羊舍的粪便要采用堆积发酵的方法来杀灭虫卵，防止虫卵再污染牧草和场所。在有较多中间宿主淡水螺的地方要经常性地进行灭螺。放牧应尽量选择地势高而干燥的牧场，尽量实行划区轮牧，饮水需选用自来水、井水及流动的河水。

治疗：治疗羊肝片吸虫病的药物有很多，主要包括：①三氯苯唑（肝蛭净），对成虫、幼虫均有效，用量为每千克体重12~15毫克，一次灌服。②丙硫苯咪唑，为广谱驱虫药，对成虫效果好，但对童虫和幼虫效果较差，用量为每千克体重10~15毫克，一次灌服。③硫氯酚（别丁），对成虫有效果，用量为每千克体重80~100毫克，一次灌服。④碘醚柳胺，对成虫以及幼虫有效，用量为每千克体重7~10毫克，一次灌服。⑤溴酚磷（蛭得净），对成虫、幼虫均有效，用量为每千克体重10~16毫克，一次灌服。

21. 如何防治羊胰阔盘吸虫病？

本病是由阔盘吸虫寄生于牛、羊、兔和人等胰管内的一种人畜共患寄生虫病，主要引起宿主营养障碍和贫血，其特征是引起下痢、贫血、消瘦和水肿等，严重时可导致死亡。

（1）流行特点

本病呈地方性流行，在冬春季节发病，多发生在低洼、潮湿的放牧地区。本病的流行与陆地的螺、草螽的分布和活动有密切关系。

（2）临床症状

感染虫体数量少时，多为隐性感染；阔盘吸虫大量寄生时，由于虫体的刺激和毒素作用，胰管发生慢性增生性炎症，使管腔窄小甚至闭塞，胰消化酶的产生和分泌及糖代谢功能失调，引起消化及营养障碍。患羊消化不良、精神沉郁、消瘦、贫血、颌下及胸前水肿，常见下痢，粪中常有黏液，严重时因衰竭而死。

（3）病理变化

病死羊尸体消瘦，胰腺肿大，胰管因高度扩张呈黑色蚯蚓状突出于胰脏表面，粗糙不平，胰管发炎肥厚，管腔黏膜不平，呈乳头状小结节突起，并有点状出血，内含大量虫体。慢性感染则因结缔组织增生而导致整个胰脏硬化、萎缩，胰管内仍有数量不等的虫体寄生。

（4）诊断

羊胰阔盘吸虫病的虫体较小，虫体呈半透明状，在显微镜下内部器官结构清晰可见，虫卵为黄色或深褐色、卵圆形、卵壳厚、一端有卵盖，内有毛蚴，通过显微镜易于诊断。

（5）防治措施

预防：加强饲养管理，做到定期驱虫和消灭中间宿主（蜗牛、草螽等），做好粪便的堆积发酵工作。尽量实行划区放牧，以避免虫卵感染。

治疗：在临床上可使用吡喹酮，用量为每千克体重60~80毫克，一次灌服；或使用六氯对二甲苯（又称血防 846），用量为每千克体重 400～600 毫克，一次灌服，隔日 1 次，连用 3 次。

22. 如何防治羊捻转血矛线虫病？

本病又称捻转胃虫病，是由寄生于反刍动物真胃、小肠内的捻转血矛线虫所引起的一种寄生虫病，常造成羊群的高死亡率和低繁殖率。

（1）流行特点

各种日龄羊均可发生，但以羔羊发病率和死亡率较高，成年羊有一定的抵抗力，也常出现"自愈现象"，以丘陵山地牧场的羊易感，特别是在曾被该病原污染过的草场放牧感染率高。一年四季均可发生，在春夏季节发病率较高，高发季节开始于 4 月青草萌发时，5～6 月达高峰，随后呈下降趋势，但在多雨、闷热的 8～10 月也易暴发该病。

（2）临床症状

以贫血、衰弱和消化紊乱为主。急性型以肥壮羔羊突然死亡为特征，病死羊眼结膜苍白，高度贫血。一般为亚急性经过，病羊被毛粗乱、消瘦、精神萎靡，放牧时落群，严重时卧地不起，眼结膜苍白，下颌间或下腹部水肿。若治疗不及时，多转为慢性，此时症状不明显，主要表现消瘦、被毛粗乱。在放牧时发病的羊群，早期大多以肥壮羔羊突然死亡为特征，随后病羊出现亚急性症状。

（3）病理变化

除了贫血外，皮下和肠系膜可出现胶冻样水肿，真胃黏膜上和真胃内容物充满大量毛发状粉红色虫体，附着在胃黏膜上时如覆盖着毛毯样一层暗棕色虫体，有的绞结成黏液状团块，有些还会慢慢蠕动。有时还会出现不同程度的胃黏膜水肿、出血以及肠炎病变。

（4）诊断

根据本病的流行情况和临床症状，特别是死羊剖检后可见真胃内有大量红白相间的捻转血矛线虫，即可确诊。

（5）防治措施

预防：加强饲养管理，定期进行粪便虫卵检查，羊群每年要用广谱驱虫药进行预防性驱虫 3～4 次，平时发现感染率高时要及时驱虫。有条件的要实行划区轮牧，以减少本病的感染机会。

治疗：临床上采用丙硫苯咪唑治疗，用量为每千克体重 10～15 毫克，一次灌服；或用左旋咪唑，用量为每千克体重 6～10 毫克，一次灌服。严重感染时间隔 7～10 天再加强驱虫 1 次，以后每 2～3 个月定期驱虫 1 次。

23. 如何防治羊前后盘吸虫病？

本病是由前后盘科各属吸虫寄生于反刍动物的瘤胃和胆管中所引起的一种寄生虫病的总称。

（1）流行特点

本病牛、羊的感染率很高，南方较北方更为多见。主要发生于夏秋季节，其中间宿主分布广泛，几乎在沟塘、小溪、湖泊和水田中均有大量小锥实螺，这与本病的流行成正相关。

（2）临床症状

多数无明显症状，严重感染时可表现精神不振、食欲减退、反刍减少、消瘦、贫血、水肿和顽固性拉稀，粪便呈水样，恶臭，且常混有血液。发病后期精神萎靡，极度虚弱，眼睑、颌下、胸腹下部水肿，最后衰竭死亡。成虫感染引起的症状是消瘦、贫血、下痢和水肿，但发展过程缓慢。

（3）病理变化

剖检可见尸体消瘦，黏膜苍白，腹腔内有红色液体，有时在液体内还可发现幼小虫体。真胃幽门部、小肠黏膜有卡他性炎症，黏膜下可发现幼小虫体，肠内充满腥臭的稀粪。胆管、胆囊膨胀，内有幼虫。成虫寄生部位损害轻微，在瘤胃壁的胃绒毛之间吸附有大量成虫。

（4）诊断

幼虫引起的疾病，主要是根据临床症状，结合流行病学情况分析来诊断。还可进行试验性驱虫，如果粪便中找到相当数量的幼虫或症状好转，即可做出初步诊断。对成虫可用沉淀法在粪便中找出虫卵加以确诊。

（5）防治措施

预防：羊群定期驱虫，羊粪要堆积发酵杀灭虫卵，尽量不在低洼、潮湿处放牧或饮水，有条件的地方可用化学或生物的方法灭螺，以消除中间宿主。

治疗：可使用硫氯酚（别丁）进行驱虫，每千克体重用量为 $80\sim100$ 毫克，一次灌服，还可使用丙硫苯咪唑、氯硝柳胺等药物进行驱虫。

24. 如何防治羊绦虫病？

羊绦虫病是由裸头科中的多种绦虫寄生于羊的小肠内而引起的一种慢性、消耗性寄生虫病，对羊的危害较大。在诸多绦虫病中，以莫尼茨绦虫病最为常见，危害也较其他绦虫严重，尤其是对羔羊，可能造成成批死亡。

（1）流行特点

本病分布很广，一年四季都可发生，其中南方在每年的 $5\sim6$ 月发病率最高，在其他季节也可持续感染。本病对 2～7 月龄的幼羊感染率比较高，而对成年羊的感染率很低。其传播媒介与地螨有关。

（2）临床症状

羊感染后的症状因感染强度及年龄的不同而异，轻度感染时无明显症状，严重感染时病羊精神沉郁、消瘦、经常消化不良或顽固性下痢，粪便中常夹带有绦虫的孕卵节片，有的病羊因虫体成团引起肠道阻塞，产生腹痛甚至发生肠破裂，因腹膜炎而死亡，有的病羊后期痉挛或有转圈、空嚼、痉挛和弓背等症状，最终衰竭死亡。

（3）病理变化

主要病变是尸体消瘦、贫血，可在病死羊小肠中发现数量不等的虫体，有时可见肠壁扩张、肠套叠甚至肠破裂，心内膜和心包膜有明显的出血点。

（4）诊断

根据粪便中检查到特征性虫卵（类三角形）以及在病死羊小肠中检查到本病的虫体即可诊断，也可进行驱虫试验，如发现排出绦虫虫体和症状明显好转即可确诊。

（5）防治措施

预防：每年定期驱虫 3～4 次，同时控制本病的中间宿主（地螨），有条件的地方可实行轮牧，应避免在低湿地或在雨后、清晨和黄昏后放牧。

治疗：常用药物有 1‰硫酸铜溶液，用量为每只灌服 15～40 毫升，现配现用，禁止用铁制容器盛装；氯硝柳胺，用量为每千克体重 80～100 毫克，一次灌服；硫氯酚，用量为每千克体重 80～100 毫克，一次灌服；吡喹酮，用量为每千克体重 60～80 毫克，一次灌服。

25. 如何防治羊脑包虫病？

本病又称羊疯病、羊多头蚴病，是由多头绦虫的幼虫（多头蚴）寄生于羊脑和脊髓而引发脑炎、脑膜炎等一系列神经症状的寄生虫病。

（1）流行特点

本病多见于牛、羊，有时也可见于猪、马及其他动物。成虫都寄生于狗、狼、狐狸的小肠中。在有些地方，本病可引起地方性流行。一年四季均可发生，但多发于春季。

（2）临床症状

发病前期病羊症状多为急性型，体温升高，脉搏加快，出现神经症状，不断做回旋、前冲、后退动作等。发病后期，多头蚴发育至一定大小，病羊呈慢性症状，典型症状根据虫体寄生部位不同而出现不同特征的转圈方向和姿势。

虫体寄生在大脑半球表面的概率最高，典型症状为转圈运动，其转动方向多向寄生部一侧，病变对侧视力发生障碍以至失明，局部皮肤隆起、压痛、软化，对声音刺激反应很弱。如寄生于大脑正前部，病羊头下垂，向前做直线运动，碰到障碍物头抵住呆立。如寄生于大脑后部，病羊仰头或做后退状，直到跌倒卧地不起。如寄生于小脑，病羊知觉敏感，易惊恐，运动丧失平衡，痉挛易跌倒。

（3）病理病变

急性死亡的羊可见脑膜炎和脑炎病变，还可见到六钩蚴在脑膜中移行时留下的弯曲痕迹。慢性期的病例则可在脑、脊髓的不同部位发现大小不等的囊状多头蚴；在病变或虫体相接的颅骨处，骨质松软、变薄甚至穿孔致使皮肤向表面隆起，病灶周围脑组织发炎。

（4）诊断

通过临床症状可做出初步诊断，在脑和脊髓的不同部位检出囊状多头蚴即可确诊。

（5）防治措施

预防：对牧区内所有家犬和牧羊犬每季度驱虫 1 次，驱虫后排出的粪便要深埋或焚烧。对发生本病的病羊、死羊应烧毁或深埋处理，防止狗等肉食动物食入而感染本病后又传染给羊群。

治疗：一般无治疗意义。个别珍贵品种病羊可采取手术摘除囊状多头蚴。

26. 如何防治羊球虫病？

本病是由艾美耳球虫属的多种球虫寄生于羊肠道所引起的一种原虫病，以下痢、便血、贫血、消瘦、发育不良为主要特征。本病对羔羊危害最为严重，生产上应加以重视。

（1）流行特点

各品种的绵羊、山羊对球虫病均易感，羔羊的易感性最高，可引起大量死亡。流行季节多为春、夏、秋季，冬季气温低，不利于卵囊发育，因此很少发生感染。羊舍卫生环境差，草料、饮水和哺乳母羊的奶头被粪便污染，都可传播此病。在突然变更饲料和羊抵抗力降低的情况下也易诱发本病。

（2）临床症状

潜伏期为 15 天左右。依感染的种类、感染强度、羊只的年龄、抵抗力及饲养管理条件等不同而发生急性或慢性过程。急性病例病程为 2～7 天，慢性经过的病程可长达数周。病羊精神不振，食欲减退或消失，被毛粗乱，可视黏膜苍白，腹泻，粪便中常含有大量卵囊。体温上升到 40～41℃，严重者可导致脱水衰竭而死亡。

（3）病理变化

病死羊尸体消瘦，脱水明显，尸体后躯被稀粪或血粪污染。剖检可见肠道黏膜上有淡白色、黄色圆形或卵圆形结节状坏死斑，大小如粟粒到豌豆大，内容物为糊状或水样，肠系膜淋巴结炎性肿大。

（4）诊断

本病可通过新鲜羊粪便进行饱和盐水漂浮法或直接镜检发现大量球虫卵囊而确诊，临床上应注意与其他肠道疾病混合感染的问题。

（5）防治措施

预防：加强饲养管理，保持圈舍及周围环境的卫生，定期消毒，及时进行粪便堆积发酵以杀灭虫卵。临床上可使用抗球虫药物进行预防。

治疗：抗球虫药物种类很多，对不同的虫种作用存在差异，不同抗球虫药具有不同的活性高峰期，有的抗球虫药对球虫免疫力会有影响，长期反复使用常产生抗药性，应因地制宜、合理选用。效果比较好的药物有磺胺二甲嘧啶、磺胺喹恶啉和氨丙啉等。

27. 如何防治瘤胃积食？

本病是由于羊的瘤胃充满过量的饲料，超过了正常容积，致使胃容积增大，胃壁过度扩张，食糜滞留在瘤胃引起严重消化不良的疾病。

（1）发病原因

病因是由于羊采食了大量质量不良、难于消化的饲料（如地瓜藤、玉米秸秆和粗干草等），或采食了大量易膨胀的饲料（如大豆、豌豆和谷物等）。继发病因源于前胃弛缓、瓣胃阻塞、创伤性网胃炎和真胃炎等。

（2）主要症状

多发生于进食后一段时间。主要表现精神不安、弓背、后肢踢腹等症状，食欲减少或废绝，反刍、嗳气减少或停止，瘤胃坚实，瘤胃蠕动极弱或消失，腹围增大，呼吸急促，严重时卧地不起或呈昏睡状态。

（3）诊断

触诊瘤胃表现胀满和硬实，听诊瘤胃蠕动音减弱或消失，结合病史和症状可做出初步诊断。临床上本病还要与前胃弛缓、瘤胃臌气、创伤性网胃炎等进行鉴别诊断。

（4）防治措施

预防：加强羊群饲养管理，平时不要饲喂过多过于粗硬干燥的饲料，还应防止羊只过饥后的过度暴食，更换饲料要逐步过渡。

治疗：发病初期，在羊的左肷部用手掌按摩瘤胃，每次按摩 5～10 分钟，以刺激瘤胃，使其恢复蠕动，也可灌服液状石蜡油 100～200 毫升，或灌服硫酸镁或硫酸钠 50～80 克（配成 8％～10％浓度）。对个别严重的可肌注硫酸新斯的明针剂或维生素 B_1 针剂，并结合强心补液提高治愈率。

28. 如何防治瘤胃臌气？

本病是由于瘤胃内容物异常发酵，产生大量气体不能以嗳气排出，致使瘤胃体积增大，多因饲喂过多豆科植物或谷物类饲料而引起发病。

（1）发病原因

本病是由于瘤胃中食物迅速发酵产生大量的气体造成，包括原发性病因和继发性病因。原发性病因是由于羊在较短时间内吃了大量易发酵的精料、幼嫩牧草或变质饲料等。继发性病因常见于羊发生食道阻塞、前胃迟缓、瓣胃阻塞、创伤性网胃炎等疾病后出现的瘤胃臌气。

（2）主要症状

突然发病，食欲下降，嗳气停止，腹围明显增大，左肷部突出，叩诊为鼓音，病羊烦躁不安，严重时呼吸困难，可视黏膜发绀。排少量稀粪，随后停止排粪。如处理不及时，病羊很快就会倒地呻吟或出现痉挛症状，几个小时内即出现死亡。

（3）防治措施

预防：加强饲养管理，不喂太多的精料或吃太多的幼嫩豆科牧草（如紫云英和紫花苜蓿等）。

治疗：治疗以排气、制酵和泻下为原则。在早期可灌服食用油 100～200 毫升或液状石蜡油 100 毫升、鱼石脂 2 克、酒精 10 毫升混匀后加适量水灌服，也可选用陈皮酊 50 毫升或龙胆酊 50 毫升适量兑水后灌服。对于臌气特别严重的应进行瘤胃穿刺放气，但操作过程要控制放气速度，防止放气过快出现脑缺氧或腹膜炎等。

29. 如何防治羊胃肠炎？

本病是由于胃肠壁的血液循环与营养吸收受到严重阻碍，而引起胃肠黏膜及其深层组织发生炎症的一种疾病。

（1）发病原因

由于饲养管理不当，羊采食了大量冰冻、腐败、变质或有毒的饲草饲料，或草料中混有化肥或具有刺激性药物而引起发病。

（2）主要症状

病羊食欲废绝，口腔干燥发臭，舌面覆有黄白苔，常伴有腹痛，表现为磨牙、口渴、弓背，同时排出稀粪或水样稀粪，气味腥臭或恶臭，粪中有血液或坏死的组织片。由于腹泻，常引起脱水，严重时病羊形体消瘦，极度衰竭，四肢末端冰凉，卧地不起，最后昏睡或抽搐而死亡。

（3）主要病变

眼球凹陷，胃肠黏膜易脱落，肠内有大量水样内容物，肠系膜淋巴结肿胀。

（4）防治措施

预防：加强饲养管理，不喂霉烂变质或冰冻饲料，消除各种导致胃肠炎的病因，饲喂定时、定量，饮水应清洁，保持圈舍内干燥、通风。

治疗：首先应消除病因，治疗原则是清理胃肠，保护肠黏膜，制止胃肠内容物腐败发酵，预防脱水和加强护理。对严重腹泻的病羊，可用抗生素及磺胺类药物配合收敛剂进行治疗。为防止胃肠内容物腐败，可内服 0.1% 高锰酸钾溶液；为吸附肠内有毒物质，可内服药用炭。

30. 如何防治羊流产？

羊流产是指母羊妊娠中断，或胎儿不足月就排出子宫而死亡的一种疾病。

（1）发病原因

造成羊流产的原因很多，有传染性的病因如羊感染布氏杆菌病、弯杆菌病、毛滴虫病和衣原体病等；也有非传染性病因如母羊的饲养管理不良、饲料发霉、药物中毒和生殖系统疾病等。

（2）主要症状

突然发生流产者，一般无特征性表现。发病缓慢者，表现精神不佳，食欲减退甚至废绝，腹痛起卧，努责、阴户流出羊水，待胎儿排出后稍为安静。若在同一羊群病因相同，则陆续出现流产，直至受害母羊流产完毕为止。

（3）诊断

传染性病因导致的流产，一般发病率比较高、发病面积广。非传染性病因引起的流产多为零星发生。

（4）防治措施

预防：平时要加强饲养管理，防止怀孕母羊的意外伤害。对有流产预兆的母羊要采取保胎和安胎措施，每次可肌注黄体酮 15~25 毫克，每天 1 次，连用 3 天。

治疗：对已发生流产的母羊，要让母羊把胎儿和胎衣排除干净，必要时人工助产或肌注催产素或氯前列烯醇。如果胎儿死亡、子宫颈未开时，应先肌注雌激素，使子宫颈开张，然后从产道拉出死亡胎儿。对于流产面比较广的羊群，应及时找出病因，采取相应的防范措施。

31. 如何防治羊子宫内膜炎？

本病是常见的母羊生殖器官疾病，也是导致母羊不孕的重要因素之一。

（1）发病原因

母羊分娩过程中病原微生物通过产道侵入子宫，或由于配种、人工授精及接产过程中消毒不严，尤其是在发生难产时不正确的助产、胎衣不下、子宫脱出、阴道脱出和胎儿死于腹中等，均易导致感染而引起子宫内膜炎。

（2）主要症状

急性子宫内膜炎：多发生于分娩过程中或分娩、流产后一段时间。病羊体温升高、食欲减少，反刍停止，常见拱背、努责及常做排尿姿势，并从阴门中流出粉红色或黄白色分泌物，阴门周围及尾部有干痂物附着，严重时可感染败血症而导致病羊死亡。

慢性子宫内膜炎：多由急性转变而来，食欲稍差，病羊经常从阴道内排出混浊的分泌物或少量脓性分泌物。全身症状不明显，但发情不规律或停止发情，不易受孕。

（3）防治措施

预防：加强饲养管理，在母羊助产和人工授精等操作时要注意消毒，尽量减少对母羊产道的损伤，防止子宫受到感染。

治疗：对于严重的急性子宫内膜炎病例要采用局部冲洗子宫与全身治疗相结合。可用 100～200 毫升浓度为 0.1% 的高锰酸钾溶液冲洗子宫，每天 1 次，连用 3～4 天。同时选用广谱抗菌药物，如四环素、庆大霉素、卡那霉素、金霉素、氟哌酸等，可将抗菌药物 0.5～1 克用少量生理盐水溶解，用导管注入子宫，每天 2 次，连用 3～5 天。

32. 如何防治羊乳房炎？

羊乳房炎是由于病原微生物感染而引起乳腺、乳池、乳头发炎，乳汁理化特性发生改变的一种疾病，主要特征是乳腺发生炎症，乳房红肿、发热、疼痛，影响泌乳功能和产乳量。多见于泌乳期的山羊、绵羊。

（1）发病原因

本病多见于挤奶技术不熟练、工具不卫生，损伤了乳头，或分娩后挤奶不充分，乳汁积存过多及乳房外伤等引起。有的因感染葡萄球菌、链球菌、大肠杆菌、化脓杆菌、伪结核棒状杆菌等引起。

（2）主要症状

急性乳房炎：乳房发热、增大、疼痛、变硬，挤奶不畅，乳房淋巴结肿大，乳汁变稀或挤出絮状、带脓血乳汁，同时可表现不同程度的全身症状，体温升高、食欲减退或废绝，急剧消瘦，常因败血症而死亡。

慢性乳房炎：多因急性型未彻底治愈而引起。一般没有全身症状，患病乳区组织弹性降低、僵硬，触诊乳房时发现大小不等的硬块，乳汁稀、清淡，泌乳量显著减少，乳汁中混有粒状或絮状凝块。

（3）防治措施

预防：保持羊舍清洁、干燥、通风。挤奶时注意母羊乳房的消毒工作，动作要轻，遇到产奶较多时要控制精料摄入量，并做好怀孕母羊后期和泌乳期的饲养管理工作。

治疗：在发病早期可对乳房局部采用冷敷处理，中后期可采用热敷和涂擦鱼石脂软膏进行消炎处理。对化脓性乳房炎可采取手术排脓和消炎处理。在挤奶后可通过乳导管将消炎药物稀释后注入乳房内，每天 2～3 次，连用 3～4 天。对有全身症状的病羊，要用抗生素进行全身治疗。

33. 如何防治羊支气管肺炎?

本病又称为小叶性肺炎，是发生于个别肺小叶或几个肺小叶及其相连接的细支气管的炎症，多由支气管炎的蔓延所引起。

（1）发病原因

由于受寒感冒，长途运输后饲养管理不良，机体抵抗力减弱，受病原菌的感染或直接吸入有刺激性的有毒气体、霉菌孢子、烟尘等而致病。

（2）主要症状

病羊体温升高，呈弛张热型，最高时达 40℃以上。主要表现喘气、咳嗽，呼吸困难，脉搏加快，鼻流浆液性或脓性分泌物。叩诊胸部有局灶性浊音，听诊肺区有捻发音。

（3）主要病变

气管和支气管有大量泡沫样分泌物，肺淤血，局灶性肺部肉样病变，严重病例肺部可出现纤维性渗出病变。

（4）诊断

根据对病史的调查分析和临床症状观察，即可做出初步诊断。

（5）防治措施

预防：加强饲养管理，注意供给优质、易消化的饲料和清洁的饮水，增强羊的抗病能力。圈舍应通风良好、干燥向阳，冬季保暖，春季防寒，加强运动，增强体质，以防感冒。

治疗：以抗菌消炎、祛痰止咳为治疗原则。可用庆大霉素、林可霉素、恩诺沙星、氧氟沙星、氟苯尼考和磺胺类等药物控制感染，并配合使用氯化铵、酒石酸锑钾和甘草合剂等镇咳祛痰。

34. 如何防治羔羊白肌病?

羔羊白肌病主要是由于羔羊体内微量元素硒和维生素 E 缺乏或不足而引起的以骨骼肌、心肌和肝脏组织变性、坏死为特征的疾病。

（1）发病原因

由于饲草中硒元素和维生素 E 含量不足，或饲草中钴、锌、银、钒等微量元素过高影响羔羊对硒的吸收而引发。当饲草中硒含量低于 0.5 毫克/千克时，就有可能会发生本病。本病的发生往往呈地方流行性，特别是在羔羊中的发病率较高，而成年羊有一定耐受性。

（2）主要症状

患病羔羊消化紊乱，并伴有顽固性腹泻，心率加快，心律不齐和心功能不全。机体逐渐消瘦，严重营养不良，发育受阻，站立不稳，走路时后肢无力、拖地难行、步态僵直，强行驱赶时双后肢似鸭子游水一样运动，并发出惨叫声。

（3）病理变化

剖检可见骨骼肌和心肌变性，色淡，似石蜡样，呈灰黄色、黄白色的点状、条状或片状。

（4）诊断

根据地方性缺硒病史、临床表现、病理变化、饲料和体内硒含量的测定可做出诊断。

（5）防治措施

预防：加强对母羊的饲养管理，可在饲料中多补充一些亚硒酸钠预防本病。在缺硒地区，羔羊在出生后第 3 天肌注亚硒酸钠维生素 E 合剂 1～2 毫升，断奶前再注射 1 次，用量为 2～3 毫升。

治疗：对发病的羔羊要皮下注射 0.1% 亚硒酸钠针剂 2～5 毫升、维生素 E 针剂 100～500 毫克，连用 3～5 天。也可使用亚硒酸钠维生素 E 合剂进行肌注治疗。

35. 有机磷农药中毒怎么办?

有机磷农药中毒是指羊接触、吸入或采食了有机磷制剂所引起的一种中毒性疾病，以体内胆碱酯酶活性受到抑制，导致神经生理功能紊乱为特征。

（1）发病原因

羊误食了喷洒或污染有机磷农药的牧草、蔬菜、饮水等，应用有机磷杀虫剂防治羊体外寄生虫时剂量过大或使用方法不当，羊接触有机磷杀虫剂污染的各种工具器皿等而发生中毒。

（2）主要症状

羊流涎、流泪、呕吐、腹泻、腹痛、瞳孔缩小、肌肉震颤、呼吸急促、兴奋不安、反复起卧、冲撞蹦跳。严重时病羊衰竭、昏迷和呼吸高度困难，抢救不及时则快速死亡。

（3）病理变化

剖检见胃黏膜脱落、胃内容物有大蒜味，肺表面有出血点或出血斑并有水肿病变，支气管内含有大量泡沫，肝脏肿大、表面有弥漫性出血，肠壁出血，肠炎病变明显。心冠脂肪和心肌也有不同程度的出血。

（4）诊断

依据症状、毒物接触史和毒物分析，并测定胆碱酯酶活性，可以确诊。

（5）防治措施

预防：要建立和健全农药的保管和使用制度，不要让羊到喷过农药的区域放牧，在应用药物进行驱虫时要正确掌握使用剂量、浓度和方法。

治疗：在早期可使用硫酸镁或硫酸钠等盐类泻药，用量为30～40克，加适量水一次内服，尽快清除胃内毒物，进行排毒处理。同时注射阿托品针剂，剂量为每千克体重0.5～1毫克；静脉注射解磷定，用量为每千克体重20毫克（用5%葡萄糖稀释），每2～3小时重复进行解毒处理。

附录　山羊舍饲规模养殖技术规范

（DB35/T 1653—2017）

1　范围

本标准规定了山羊舍饲规模养殖的标准化生产技术规程，包括选址与圈舍要求、引种、饲料、饲养管理、繁殖技术、防疫与兽药使用、卫生消毒、病死羊处理、废弃物处理和生产资料记录要求等关键环节的基本要求和指标。

本标准适用于年出栏 100 只以上的山羊舍饲养殖。

2　规范性引用文件

下列文件对于本文件的应用是必不可少的。凡是注日期的引用文件，仅注日期的版本适用于本文件。凡是不注日期的引用文件，其最新版本（包括所有的修改单）适用于本文件。

GB 13078.1　饲料卫生标准　饲料中亚硝酸盐允许量

GB 18596　畜禽养殖业污染物排放标准

NY/T 1168　畜禽粪便无害化处理技术规范

NY/T 2798.7　无公害农产品　生产质量安全控制技术规范　第 7 部分：家畜

NY 5027　无公害食品　畜禽饮用水水质

NY 5030　无公害食品　兽药使用准则

NY 5032　无公害食品　畜禽饲料和饲料添加剂使用准则

NY 5149　无公害食品　肉羊饲养兽医防疫准则

NY/T 5151　无公害食品　肉羊饲养管理准则

3　术语和定义

下列术语和定义适用于本文件。

3.1　山羊

用于生产羊肉的山羊品种（系）纯种羊和杂种羊。

3.2 舍饲

将羊群关在圈舍里饲喂，羊群完全处于人为的管理条件下，可按照山羊各个不同阶段的生长发育特点进行饲养管理，减少受自然界的影响。

4 选址与圈舍要求

4.1 选址

4.1.1 场址选择和羊场环境应符合 NY/T 2798.7 的规定。

4.1.2 场区应具有取用方便、数量充足的水源，山羊饮用水水质应符合 NY 5027 的规定。

4.2 羊舍要求

4.2.1 羊场布局

羊场布局和设施设备应符合 NY/T 2798.7 的规定。

4.2.2 羊舍设计

通风、采光良好，能保温隔热，冬暖夏凉，地面和墙壁便于消毒。

4.2.3 羊栏

设有种公羊、繁殖母羊、后备公羊、后备母羊、断奶羔羊和育肥羊的羊栏，做到分群饲养。

4.2.4 羊舍面积

种公羊、繁殖母羊、后备公羊、后备母羊、断奶羔羊和育肥羊的羊舍面积分别为：$1.8\sim2.2$ 米²/只、$1.5\sim2.0$ 米²/只、$1.0\sim1.5$ 米²/只、$0.8\sim1.2$ 米²/只、$0.5\sim0.6$ 米²/只和 $0.6\sim0.8$ 米²/只。

4.2.5 羊舍高度

羊舍檐高 $2.5\sim3.0$ 米。羊舍大门宽 $1.5\sim2.0$ 米，窗户距羊床 1.2 米以上，窗户面积大于羊舍面积的 $1/15$。

4.2.6 羊床

采用木条、老毛竹条或其他不吸水、有韧性的新型材料（如 PVC 塑料、钢丝网等），离地高 $1.5\sim1.8$ 米，木条或竹条宽 $3\sim5$ 厘米，漏缝间隙 $1.5\sim2.0$ 厘米。

4.2.7 承粪地面

羊床下的承粪地面朝排尿沟倾斜 $30°$ 以上，或采用平面自动刮粪设施。

4.2.8 运动场

运动场面积为羊舍面积的 $3\sim6$ 倍，围栏高度 $1.2\sim1.5$ 米。

5 引种

5.1 引进种羊应符合 NY/T 2798.7 的规定。

5.2 种羊调运检疫包括运前检疫、运输检疫和目的地检疫。

5.2.1 调出种羊于起运前 15～30 天内在原种羊场或隔离场进行检疫。查看调出种羊的档案和预防接种记录，然后进行群体和个体检疫，并作详细记录。经检查确定为健康者，准予起运。

5.2.2 种羊装运时，当地畜禽检疫部门应派员到现场进行监督检查。运载种羊的车辆以及饲养用具等必须在装运前进行清扫、洗刷和消毒。运输途中，应经常观察种羊的健康状况，发现异常及时与当地畜禽检疫部门联系，按有关规定处理。

5.2.3 外地购入羊只应在距离生产群 500 米以上的隔离舍观察 45 天以上，经检查合格后方可转入生产群合群饲养。

6 饲料

6.1 饲料质量安全

饲料和饲料原料应符合 GB 13078.1 的要求。

6.2 精饲料

包括谷物类及其他加工副产品等能量饲料和饼粕类蛋白质饲料，其中能量饲料占 75%～80%，蛋白质饲料占 15%～20%。

6.3 粗饲料

6.3.1 干草

包括禾本科、豆科牧草和农作物秸秆，含水量在 14% 以下。

6.3.2 青饲料

包括天然或人工种植的牧草和青饲玉米、青贮饲料等。

6.3.3 农作物秸秆

包括青干草、黄豆秸秆、甜玉米秸秆、地瓜藤、花生藤等农作物秸秆和粮食加工副产品等。干毛竹叶、食用菌下脚料和稻草等非常规饲料资源可适量利用。

6.3.4 糟渣类

啤酒渣、豆腐渣、淀粉渣、酱醋渣等。

6.4 添加剂

6.4.1 种类

包括食盐、维生素、矿物元素、非蛋白氮等添加剂，添加比例为 1%～5%。

6.4.2 添加剂的使用

饲料添加剂的使用应符合 NY 5032 的规定。

6.4.3 日粮配制

根据山羊的营养需要，按青粗饲料为主、补充精料为辅的原则，兼顾适口性、稳定性和经济性。精粗比（2～3）∶（7～8）。

7 饲养管理

7.1 饲养方式

采用舍饲方式。

7.2 饲养原则

羊只按种公羊、繁殖母羊、后备公羊、后备母羊、断奶羔羊和育肥羊分群饲养。保证每只羊每天有 4～6 小时的运动时间。精粗饲料按比例混合饲喂，多种饲料合理搭配，更换饲料逐步过渡。日饲喂 2 次。每天采食饲料的干物质量为体重的 2%～3%。自由饮水。

7.3 种公羊

7.3.1 种公羊要远离母羊舍单独饲养，保持羊舍清洁卫生、环境安静。

7.3.2 配种旺季要补充适量鸡蛋等动物性蛋白质及维生素和无机盐，饲料应多样化、营养全面、适口性好。配种期每天补饲精料 0.6～1.0 千克，增喂青绿饲料；配种前视膘情补饲精料 0.3～0.5 千克。

7.3.3 每天保持运动时间不少于 6 小时。定期修蹄，夏季注意防暑降温。

7.3.4 种公羊的使用年限为 3～5 年。

7.4 繁殖母羊

7.4.1 空怀期

以群养为主，每栏数量 20～30 只。实行短期优饲，抓膘复壮，体重达到配种膘情要求。日粮饲喂以粗饲料为主，根据膘情适当补充精料。

7.4.2 妊娠期

怀孕前 3 个月，确保母羊保持良好的膘情，防止受惊吓、应激，预防早期流产。怀孕后 2 个月，要防止母羊过肥或营养不良，加强保胎，临产 1 周前转入分娩舍，精心护理，适当增加运动，预防难产。

7.4.3 哺乳期

产后 1～3 天内适当减少饲料投喂量，此后逐渐喂给足量的精料、青绿饲料，晚上补饲优质青干草。断奶前 7～10 天母羊应减少精料补充料和多汁饲料的饲喂量。双羔或多羔母羊应适当增加精饲料喂量。

7.5 后备公羊

日粮饲喂应增加蛋白质的补给，精料中饼粕类蛋白质饲料占 30%～40%。

要保证后备公羊的充足运动。

7.6 后备母羊

分群单独管理，严禁公母混群饲养，以防早熟偷配、早配早孕。日粮以精料为主、优质青干草为辅，注意补充维生素和微量元素。在 8～12 月龄需采取限制饲养，避免过于肥胖影响繁殖功能。

7.7 断奶羔羊

7.7.1 1～3 日龄及时吃足初乳，对母乳不足和体质较弱的羔羊，要做好人工辅助哺乳或用代乳品哺乳。

7.7.2 7～15 日龄羔羊开始训练吃料吃草，60 日龄后以优质干草、青绿饲料及精料补充料为主。根据日龄每日补给混合精料 0.05～0.25 千克，青干草自由采食。

7.7.3 应及早断奶，实行 60 日龄前断奶，断奶后供给优质饲草料，自由采食，对体况较差、采食量小的羔羊可适当延迟断奶。

7.7.4 不作种用的公羔应在 3 周龄内及时去势。

7.8 育肥羊

育肥前应做好分群、驱虫等准备工作。根据体重进行分群饲养。供给充足的青干草、青贮料和混合精料。

8 繁育技术

8.1 初配年龄

初配羊要基本达到体成熟，体重要达到成年羊的 70％以上；一般公羊为 8～10 月龄，母羊为 6～8 月龄。

8.2 配种季节

实施一年产两胎或两年产三胎的生产模式。以秋季配种春季产羔，当年出栏为主。

8.3 配种方式

采用本交或人工授精。本交时，公、母羊配比为 1：（25～35）。人工授精时，公、母羊的比例为 1：（500～800）。

8.4 繁殖管理

加强配种管理，防止偷配、漏配，不得近亲交配。母羊发情后 6 小时左右首次配种，之后在 6～8 小时内应复配 1 次。公羊每天配种或采精次数应控制在 1～3 次。

9 防疫与兽药使用

9.1 防疫

9.1.1 遵守《中华人民共和国动物防疫法》。

9.1.2 羊场兽医须经兽医专业技术培训。饲养人员和相关工作人员要定期检查身体，并持有健康证。

9.1.3 羊场防疫设施要齐全。羊场必须取得动物防疫条件合格证。

9.1.4 应按 NY 5149 的规定制订并执行兽医卫生与防疫制度。

9.1.5 根据羊场免疫程序，做好羊痘、羊口疮和山羊传染性胸膜肺炎等疫病的防疫，定期驱虫。

9.2 兽药使用

治疗使用药物时，应符合 NY 5030 的规定。

9.3 休药期

休药期应按 NY 5030 的规定执行。

10 卫生消毒

10.1 环境消毒

羊舍周围环境（包括运动场）定期用 2% 的烧碱或撒生石灰消毒；场内污水池、排粪坑和下水道出口，定期用漂白粉消毒。应在羊场大门口和羊舍入口设消毒池，定期更换消毒液。

10.2 人员消毒

工作人员进入生产区，应更换工作服、工作鞋，进行消毒。外来参观者进入场区参观时，应更换场区工作服、工作鞋，进行消毒，并遵守场内防疫制度，按指定路线行走。

10.3 羊舍消毒

每批羊只出栏后，应彻底清扫干净，喷洒消毒药进行彻底消毒。

10.4 用具消毒

定期对饲喂用具、料槽和饲料车、料桶等饲养用具进行消毒。日常用具（如兽医用具、助产用具、配种用具等）在使用前后应进行清洗和消毒。运羊车辆在运输前后应进行消毒。

11 病死羊处理

11.1 经常观察羊群健康状态，对可疑病羊应隔离观察、确诊、及时治疗。

11.2 因传染病和其他需要处死病羊的尸体及其解剖的组织，在指定地点通过用焚烧、化制、掩埋或其他物理、化学、生物学等方法进行生物安全处理，以彻底消灭其所携带的病原体。

11.3 禁止出售病羊、死羊。

12 废弃物处理

12.1 羊场废弃物应遵循减量化、资源化、无害化的原则进行处理。

12.2 羊粪采用堆肥发酵处理，污水采用沼气池发酵等方式无害化处理。

12.3 山羊粪便处理应按 NY/T 1168 的规定进行处理。

12.4 羊场污染物排放应符合 GB 18596 的规定。

13 记录要求

13.1 总体要求

所有资料的记录应按 NY/T 5151 的规定进行。

13.2 育种记录

有羊群来源、羊只标记、系谱和主要生产性能测定及有关报表记录。

13.3 繁殖记录

有发情、配种、妊娠、流产、产羔和产后监护记录。

13.4 饲料记录

有饲料饲草来源、各种添加剂使用、饲料消耗记录。

13.5 兽医记录

完整记录羊场消毒、羊群免疫、疫病防治和兽药使用情况等。

13.6 养殖记录

有引进、转群、出售、病死羊等记录。出售种羊应将相关证件随羊带走，保存好原始记录。

13.7 记录保存

所有资料记录应保证准确、可靠、完整，应有相关负责人员签字并妥善保存二年以上。

主要参考文献

[1] 赵有璋. 羊生产学 [M]. 北京：中国农业出版社，2000.

[2] 赵有璋. 现代中国养羊 [M]. 北京：金盾出版社，2005.

[3] 赵兴绪. 羊的繁殖调控 [M]. 北京：中国农业出版社，2008.

[4] 徐刚毅. 天府肉羊新品系选育及关键配套技术研究 [M]. 北京：中国农业科学技术出版社，2010.

[5] 张沅. 家畜育种学 [M]. 北京：中国农业出版社，2001.

[6] 王惠生，王清. 波尔山羊科学饲养技术 [M]. 2版. 北京：金盾出版社，2012.

[7] 黄勇富. 南方肉用山羊养殖新技术 [M]. 重庆：西南师范大学出版社，2004.

[8] 岳文斌，任有蛇，赵祥，等. 生态养羊技术大全 [M]. 北京：中国农业出版社，2006.

[9] 谢喜平，江斌. 山羊健康饲养新技术 [M]. 福州：福建科学技术出版社，2010.

[10] 刘金祥. 中国南方牧草 [M]. 北京：化学工业出版社，2004.

[11] 韩建国. 草地学 [M]. 北京：中国农业出版社，2007.

[12] 丁伯良. 羊的常见病诊断图谱及用药指南 [M]. 北京：中国农业出版社，2008.

[13] 王怀友. 优质山羊养殖与疾病防治新技术 [M]. 北京：中国农业科学技术出版社，2003.

[14] 李文杨，董晓宁，刘远，等. 山羊健康养殖技术 [M]. 福州：福建科学技术出版社，2015.

[15] 李文杨，刘远，陈鑫珠，等. 山羊舍饲高效养殖技术 [M]. 福州：福建科学技术出版社，2017.